我不是林黛玉

WO BUSHI LINDAIYU

陈 彧◎著

中国财富出版社

图书在版编目(CIP)数据

我不是林黛玉/ 陈彧著. —北京：中国财富出版社，2016.1
ISBN 978-7-5047-5918-4

Ⅰ.①我… Ⅱ.①陈… Ⅲ.① 成功心理–通俗读物 Ⅳ.①B848.4–49

中国版本图书馆 CIP 数据核字(2015)第 244546 号

策划编辑	刘 晗	**责任编辑**	刘 晗		
责任印制	方朋远	**责任校对**	杨小静	**责任发行**	邢小波

出版发行	中国财富出版社
社　　址	北京市丰台区南四环西路 188 号 5 区 20 楼　邮政编码　100070
电　　话	010-52227568(发行部)　　　010-52227588 转 307(总编室)
	010-68589540(读者服务部)　010-52227588 转 305(质检部)
网　　址	http://www.cfpress.com.cn
经　　销	新华书店
印　　刷	北京高岭印刷有限公司
书　　号	ISBN 978-7-5047-5918-4/B·0468
开　　本	710mm×1000mm　1/16	**版　　次**	2016 年 1 月第 1 版
印　　张	13.5	**印　　次**	2016 年 1 月第 1 次印刷
字　　数	207 千字	**定　　价**	35.00 元

前　言

生活给了我痛苦，
　　　我就要用痛苦磨炼出坚硬的茧

　　我喜欢林黛玉，她美丽高洁，她才思敏锐，她出尘不染，她像诗一样生活，她像花一样恋爱。可当我想起林黛玉，我就想起晏殊的《蝶恋花》："槛菊愁烟兰泣露，罗幕轻寒，燕子双飞去。明月不谙离恨苦，斜光到晓穿朱户。昨夜西风凋碧树，独上高楼，望尽天涯路。欲寄彩笺兼尺素，山长水阔知何处。"美到极致，却满腔凄楚，景景笼罩着浮烟浓雾，字字荡漾着孤子惆怅，让人赏景不得，又欲哭无泪。

　　我喜欢林黛玉，可生活中不能当林黛玉。你可以惜花葬花为花泣，却不可以神经脆弱不合群；你可以敢爱敢恨敢直言，却不可以任性刁蛮耍脾气；你可以能诗能画能幽默，却不可以满腔愁怨惹人厌。

　　上天最轻薄，浮世又浪荡。春光无限好之后，常常就是肃杀践花风。人世浮躁，在一心放纵间，就可能永远一去不复回。天上浮云似白衣，斯须改变如苍狗，转瞬间，春花秋月消磨尽，雨打浮萍，声声都是愁人泪。容不得你有时间相思，更装不下你的脆弱惆怅。白驹过隙的一瞬，就是你翻身腾云的机会。没有好风，不能借力，你只有你自己。世界还是万仞壁立，人情都暗藏刀枪剑戟。若真等到大江东去，一切就无可挽回，世界也从不会倒转。

哭吗？哭出个宝玉来为你遮天？叹吗？叹出个贾母做你的靠山？这是林黛玉的待遇，我不是林黛玉。黛玉哭，那是梨花带雨，点点滴滴，都是相思泪，和着春风，就着明月，朦朦胧胧，淡淡悠悠。我若哭，那就是脆弱无骨，别说哭出什么风情万种来，只能是哭出个自怨自艾，哭出个背运连连。生活给了我痛苦，我越哭，就越是无助；我越怨，就越是走不出深渊。

我可不是凭空对论，我是真的哭过，滂沱泪尽，柔肠揪断，耳边，还是刺骨的风，身上，还是彻骨的寒。哭着睡去，再醒来，世界还是那个混乱的世界，我要面对的，还是我要继续高攀的峰，还是我要横跨的壑。我若风云不动，即使再有多少神力相助，也还是毫无起色，也还是不能重写春秋。

在世界中行走，我不能哭得风情万种，不能弱得娇媚柔婉。生活给了我痛苦，我就要用痛苦磨炼出坚硬的茧。当生活的大山横压下来，我要像夸娥氏二子那般有力抗争。生活的大火，可以烧出真金；人生的污水，可以让自己出淤泥而不染。

这当然只是一个雄心，还包含着一个壮志，可生活却是铁杵，艰难困苦，存在于时间的缝隙，人生百难，又淹没于欢语笑颜中，没有个持之以恒的态度，没有对点点滴滴都认真对待的诚意，我的铁杵，大约磨不成针，只会压得我喘不过气来罢了。

我不愿只憋着那一口争强的气，也不愿只藏着一个出头的念想，皱着眉、冷着心地对待整个世界，漠然地看待人生。那不是真正的坚强，那不过是冷酷。我可以学着淡然，我可以让自己放下，轻轻掸掉浮尘，在轻松淡雅的氛围内，学会坚强。可我还是会步入尘烟，我还是要食人间烟火，我愿意用一颗俗气的心，来温暖我对世界的爱。

那春花秋月似乎是一种虚无幻境，可还是有着不容忽视的美好；衔泥的燕子，不只穿梭在王谢堂前，还会步入寻常百姓家。我用我世俗的眼睛，我用我寻常的经历，依然可以在我的世界演绎我的坚强。我们的坚强，都属于我们自己的，就像我们的人生，只属于我们自己一样。

我不是林黛玉，可这不妨碍我喜欢林黛玉，我依然崇尚那种高雅淡然的生活态度，我依然喜欢那种葬花吟花的诗情画意。只是，飞花散去，尘烟未了。结了尘缘，就在尘缘中果断地美丽下去。

WO BUSHI LINDAIYU

我不是林黛玉

目 录

第一章
可以柔软着活，不能软弱地过

第二章

爱，该让你变勇敢，而不是脆弱

第三章

阳光普照，去靠近给你正能量的人

第四章
傲骨不一定要得罪人，巧话何必句句带刺

第五章
心不动，人不妄动，不动则不伤

第六章

拥有一切不代表什么，一无所有也没什么可怕

第七章

你怎样评价世界，世界就怎样评价你

第八章

生活虐我戏我，我还是能美丽生活

第九章

你是最好的自己，才能遇到最好的别人

WO BUSHI LINDAIYU

我不是林黛玉

可以柔软着活，不能软弱地过

老子说，上善若水，柔若不争，因其不争，故莫能与之争。为人，有一颗柔软的心，宽广能容，有容乃大，大至无穷，所以能以不变应万变。水至柔，却最显刚，故有水滴石穿。做人也同样如此，至柔之本，不该是懦弱，而该是刚毅不畏，是任风吹，任雨打，也丝毫不动。

世界到底是多变的，我们不能左右的事情太多，我们不能控制的局面也不少，我们要尽量做到淡然世俗之外，可也要能担得起人生之累、生命之重，这才是真正的坚强。

大风再狠，也吹不毁我

苏运莹有一首歌，叫《野子》，歌词是这样的：怎么大风越狠，我的心越荡，幻如一丝尘土，随风自由地在狂舞。我要握紧手中坚定，却又飘散的勇气。我会变成巨人，踏着力气，踩着梦……吹啊吹啊，我的骄傲放纵，吹啊吹不毁我纯净花园。任风吹，任它乱，毁不灭的是我……

风中飘荡的尘土，给人的感觉该是无根无源、无依无靠，总是身不由己被卷在狂风中不停沉浮，这是一个悲剧。还是同样的画面，可到了这首歌里，却成了另外一种意境：同样是无根无源的沉浮，在这首歌里却成了一种自由的狂舞。风成了助力，成了让一粒小尘沙离开那呆板固定的小世界的"贵人"。而且，一粒尘沙，是没有什么欲望的，因为不想拥有太多，所以永远不会遭遇毁灭。

面对大千世界，我们都是小小的尘沙，我们都得在时间的长河中沉浮。苏运莹能唱出来自由飞舞的美来，可有的人感悟出来的，却是身不由己的悲，比如林黛玉。

林黛玉之所以进贾府，是因为母逝父老，不得长期依靠，只好千里寻亲，寄人篱下。最后就连老父也驾鹤西去，与她阴阳两隔，她终于成了无依无靠的浮萍。尽管有锦衣玉食，尽管有贾母的疼爱，可对黛玉来说，这都是好景不长，甚至是水中之月。大家大业的豪奢，丫鬟仆从的密集，反而更衬出她的孤苦无依。

寄人篱下、孤苦无依的底子坐实了，再遇到任何事情，似乎都是因这底子而起，要么，也是这底子惹的祸。晴雯不开门，是因为大家都知道她不是正经主子；周瑞家的送个珠花，剩下最后一朵给她，她也嗔怪人家不是拿她当回事。

宝钗过生日时，湘云点破唱戏的小戏子很像是黛玉，也让黛玉难过，若不是孤苦至此，何以让人当戏子取笑，而当黛玉看到宝玉使眼色不让湘云说，听到宝玉评说她"小性"的话，就更加难过，宝玉来找她玩，她就抢白宝玉说："莫不是他和我顽，他就自轻自贱了？她原是公侯小姐，我是贫民的丫头。"一番话里，一层层的不解，一层层的怨恨，含有自认为的侮辱，还有被宝玉见外的悲伤，"你又拿我作情，倒说我小性儿，行动肯恼。你又怕他得罪了我，我恼他。我恼他，与你何干？他得罪了我，又与你何干？"

桩桩件件，件件桩桩，都让黛玉联想到孤苦；事事人人，人人事事，都能让黛玉抱怨自己的无依。仿佛世界上只有她有着这样的遭遇，却不知道所有这些，不过是寻常小事而已。想谁家兄弟姐妹没有个话长理短，谁人心中没有个远近的算计？大观园虽是个小社会，可到底是曹雪芹设定的风平浪静、花美蜂甜的一隅，是一个理想国，兄弟姐妹们间的矛盾，总是小事，就是婆子丫鬟们的胡闹，也多到不了黛玉那里。真正的狂风，还远着呢，以曹雪芹对黛玉的喜爱，是一定要在风沙尘泥乱飞之前，就要让黛玉出离这污浊的世界的。可因为黛玉心里有一个悲剧的命运设定，于是，世事就都添了悲，浓了愁，把那寄人篱下描得越来越黑，把那孤独悲苦演绎得更甚，反而有点身在福中不知福的味道了。

寄人篱下之痛，的确是痛中之痛，有这样遭遇的，大多很快就能体会人情冷暖，可这也不过是一个现实社会的黑白而已。看得透的，会认为那就是一种丰富的经历；看不透的，会哀叹那会成为自己生命里的硬伤。

现实世界，不可能一直是和美的阳光，会有风沙的无定，没有谁有准确的天气预报，也不会有谁天生带着能躲避风沙的护身符。我们每个人，偏又只是尘世的一粒浮尘，阳光和美时，平平安安，温温暖暖，风沙骤起时，随风上下，做不得主。

明白了这样的人生基调，我们就不会再在某个艰难的点上囚住自己不放了。想苏运莹能够在大风中甘愿幻化成尘沙，让暴虐的狂风，成为自己飞舞的陪衬，我们为什么不能？

在某一辆春运的火车上，挤满了人，大人吵嚷，小孩哭叫，卖食物的服务员，推着装满零食的小推车，一边在人群中挤出一条路，一边忙着做生意。虽是回家过年，可满车厢里只有乌烟瘴气。

在这样乱糟糟的环境里，只有一个孩子不哭不闹，反而笑呵呵地看看这个，再看看那个。坐在他旁边的一个中年人，一直在抱怨，抱怨买票买晚了一些，结果只能在硬座车厢里受这人潮汹涌的罪。这个孩子说："爸爸，在这里很好玩，我刚进来的时候，根本就不用自己走路，那么多人一挤，我就像坐轿子似的，飘飘悠悠就进来了，太舒服了。"中年人不禁笑了，说："真是个孩子，在这里还觉得好玩。"

同样的环境，大人看着，是拥挤，是混乱，是难受，孩子看到的，却是热闹，是有趣，是好玩。作为一个成人，我们几乎无法理解这个孩子眼里的好玩，我们都成了心随境转的俗人，我们无法享受沙在风中自由飞舞的乐趣。

我的耳边，又想起《野子》那首歌：我会变成巨人，踏着力气，踩着梦……吹啊吹啊，我的骄傲放纵，吹啊吹不毁我纯净花园。任风吹，任它乱，毁不灭的是我……

谁说女神的面，就不能配上爷们的范儿

当范冰冰从女神成为"范爷"的时候，很多女人都笑了。特别是在听到那句"我不嫁富豪，我本身就是富豪"的豪言壮语时，我们更是畅快淋漓，而那句"禁得起多大诋毁，就禁得起多大赞美"的话更有荡气回肠之感。谁说女神的面，就不能配上爷们的范儿？女人中的极品，原来既可以负责貌美如花，又能够赚钱养家。

"女汉子"早就风行世界了，在"范爷"的名号叫响江湖之前，就已经有一定数量的女性，凭着自己强大的心，离开温室，在风吹雨打中，锤炼出钢铁一样坚忍的性格。

所谓女汉子，可不是什么满脸络腮胡子，浑身疙里疙瘩的肌肉，男不男女不女的女人。叫自己女汉子，其实是对女性坚强的一种宣誓。我们可能柔柔弱弱，但我们一定独立强悍。我们有一颗柔软的心，但我们也有一种叫不畏的坚决行动。风中来，雨里去，可以成群结伴地嬉笑，也可以独立承受着煎熬。

传统世俗在男人、女人面前画出的那条泾渭分明的界限，在女汉子面前，一下子变得特别可笑。我们不再是躲在男人背后的女人，我们同样具备出色的能力，冲自己的锋，陷别人的阵。不但如此，我们既可以豪气干云地冲出去，又能温柔妩媚地收回来。回到家中，既能相夫，又能教子。女人的和美，温暖了整个世界。这是我们女人的生存之道，以女汉子的姿态，活得逍遥自在。可不是所有女人都能成为这样的女汉子。

这些女人，多是长得肤如凝脂、貌美如花，能让男人神魂颠倒。因为风姿绰约，因为不同凡人，所以她们总是近不得地气，活不成自己，就像大观园里的林黛玉。

托曹雪芹的安排，大观园里美女云集，芙蓉仙子，牡丹女神，个个都是翩若惊鸿，婉若游龙。而林黛玉则是女神中的极品，她虽然病弱西子，但却自有一种风流之态，"两弯似蹙非蹙罥烟眉，一双似喜非喜含情目"，"闲静时如姣花照水，行动处似弱柳扶风"。容貌自是极品，风范也绝对少见。

作为女神，黛玉自然有女神的范儿，在薛宝钗出场的那一刻，曹雪芹就给了黛玉似评价非评价的一句话"孤高自诩，目下无尘"。黛玉如此傲娇，只因她生在幽微灵秀地，长在无可奈何天，是绛珠仙子降世，自然懒得理会世俗。

可世俗到底是世俗说了算的，这女神的性格，让黛玉不得人心。丫鬟婆子们自是不能说的了，就是大观园里的几个姐妹，包括外来的公侯小姐史湘云，都无法与林黛玉亲近。

清高自傲的女神，高处不胜寒。寄人篱下的悲凉，不能说与人听；求而不得的痛苦，不能说与人听。不能说给别人听，就只能说给自己听。一句话，说不好了，就会痛杀心扉，必得要哭个七荤八素，还要病上好久，在悲观的宿命中寻找一种真实存在的痛感，如此，仿佛才能哭得在理，才能悲得自在。孤寂地终了，就连伤春悲秋，都成了自我验证的一种方式。

作为一个艺术形象，我自然是喜欢林黛玉的。可我到底是个俗人，作为在俗世中寻找快乐的人，看黛玉这样的女神，就常常会看到她的空虚，因为把自己架得太高，而要独自承受这近乎煎熬的孤独。因为不能放低自己的身价，就不能倾听来自世界的声音，不能享受一种叫平和的幸福。

仔细想想，大观园里，有几个人没有对自己的身世有过悲凉的思考呢？探春再敏，也没有摆脱庶出的宿命；宝钗再甜，也还是托赖那不争气的哥哥而过早地为家庭操心。就连王熙凤，这个热热闹闹地纠缠在世俗中的玻璃心肝人儿，也还有那一刹那跟世界柔软的和解呢。在女儿巧姐生病时，她求助刘姥姥要她给女儿取个名字。虽然不过是顺着世俗的迷信，可在这迷信面前，你多少能看出王熙凤面对生命的那种谦和恭卑。

大观园里的姐妹们，虽然都逃离不了曹雪芹给她们设置的那种叫悲观的宿命，可并不是每个人都像黛玉那样高高在上，目下无尘。很多女神，和姐妹们一起厮混，和身边的丫鬟婆子们一起生活，虽少不了家长里短，可更多了一些生活气息，也就更多了一些与宿命的协调，用柔软却强悍的气质，演绎了人间烟火的生活。这样美丽地活着，就像雨后的彩虹，多少冲淡了命运这场暴雨的肆虐。如薛宝钗、王熙凤、探春，哪一个拿出来，都是高高在上的女神，可哪一个都可以在世俗中独立成为自己。

对黛玉来说，那些柴米油盐的算计，总是显得小气了，那些家长里短的絮叨，总是显得无聊些。可如果每个人，都如黛玉一样抛却世俗，那么大观园也就不再有大观园的美丽与豪气。

人之初，常常因为纯粹而对人世有一种超乎寻常的傲态。可人之末，却往往因经历了世界对人的洗礼而变得谦逊。生而为人，就不得不经历世俗世界、人间烟火对你的彻骨熏染。即使你是女神，也难免这样的经历。我们就生活在世俗中，我们必须和尘烟和解。

男生山向女生水传了一张情书，用诗一样的语言，描绘了他的爱慕之情。情书最后，他极为自信地这样说：

我是山，俊秀挺拔的山，

你是水，温柔清灵的水。

如我一样的山，怎能离开如你一样的水，

如你一样的水，怎能离开如我一样的山。

很快，水就给山写了回信。信中这样写道：

很早，就认识你，很早，就关注你。可偶然，才发现我不适合你，你也不适合我。我听说，你特别钟情于林黛玉款的女生。我不是林黛玉，我也不想做林黛玉。

　　也许在你眼里，我是娇弱的，可我并不柔弱。也许在你眼里，我是脱俗的，可我实际上不能免俗。我不是林黛玉，我也不想做林黛玉。

　　林黛玉的傲娇，我没有，我只是一颗凡草，从来不会把自己高看几分。林黛玉的多愁善感，我没有，我更喜欢嘻嘻哈哈地玩闹，豪气干云地活着。林黛玉的依赖，我没有，我体魄强健，很多事情宁愿自己一个人去做，而不愿意愁眉不展，等待别人来照顾我。林黛玉的矜持，我没有，我更喜欢直率地说话，更愿意直接地做事。

　　我毫不掩饰，我曾经喜欢你，可我不愿意粉饰我，使我成为你心中的那个女神。

　　我可以像山一样立着，我可以像水一样活着。我看你，只愿立成高山，却不会柔情似水。

　　所以，我不是你的林黛玉，我看你，也不会是林黛玉的贾宝玉。我们，中间隔着一个叫林黛玉的女神，如果她是你的水，那么她将是使你我无法沟通的大河。

　　水是一个长得柔柔弱弱的女孩，可水却不是一个软弱无能的妹子。这一声"我不是林黛玉，我也不想做林黛玉"的呐喊，正喊出了她强韧独立的性格。很显然，她是喜欢山的，可如果山是喜欢林黛玉那样的女性，那她就只能忍痛走开，直率、果断、强悍地走开，走自己坚强独立的路线。

　　作为女子，我们要保持柔美的本性，可我们也可以成为女汉子，直率而强悍地活出自己的风格。

哭，不是逃避现实的方法，
而是认清现实的开始

林黛玉是绛珠仙子的化身，绛珠仙子下凡最大的一个目的，就是以泪报恩。贯穿林黛玉一生的，就是一个"泪"字。就连她的别号"潇湘妃子"，也是因泪而美，因泪而绝。

黛玉的容貌，生的就是一个病西子之像，"两弯似蹙非蹙罥烟眉"，"态生两靥之愁"，美虽是稀世之俊美，但却天生透着忧郁之色，动辄泪泉奔涌。有悲，要哭，初见贾母时，"贾母心肝肉地叫着哭，黛玉也哭个不住"；有痛，要哭，宝玉被打那一回，黛玉偷着来看宝玉，宝玉见她，"眼睛已经肿成了两只桃子，满面泪光"；有气，要哭，与宝玉一个言语不和，"就在房中暗自垂泪"；有疑，要哭，晴雯拒绝开门那一回，黛玉耳听得宝钗和宝玉在里面嬉笑，"越想越觉伤感，便也不顾花台露冷，也不顾花径风寒，独立墙角花荫之下，悲悲切切，呜咽起来"；有喜，也要哭，宝玉说黛玉就不说这些混账话时，黛玉听了又惊又喜又悲又叹，思来想去，还是"不禁滚下泪来"……至于葬花、题帕之泪吟，还有焚稿之大哭，就更是《红楼梦》经典之哭了。黛玉之人生，不是梨花带雨，就是悲悲惨惨戚戚。

偶尔见黛玉笑一回，也觉得不那么真切了，仿佛这笑，也是一种哭了，只是形式别样而已。那一回，黛玉看到宝玉看宝钗竟然看得呆了，她蹲在门槛上，嘴里咬着手帕子笑了。别人见黛玉，眉是开的，眼是笑的，可黛玉的心里，早就已经是雨打风吹了。

黛玉如此爱哭，不但让观之人受不了，就连闻之鸟也都被惊飞："颦儿才貌世应希，独抱幽芳出绣闺，呜咽一声犹未了，落花满地鸟惊飞"。不为别的，只为那悲愁太重，只为那忧郁太深。没有悲伤的，听着也要染上悲伤，没有痛苦的，看着也要感受痛苦。人生已经有那么多不如意了，谁还愿意多沾染几分悲苦呢?

黛玉之哭，是伤心之哭，是忧郁之哭，更是无可奈何之哭。春花秋月已去，黛玉无可奈何;良辰美景苦短，黛玉无可奈何;生命总是无常，黛玉无可奈何;命运总是多舛，黛玉无可奈何。寄人篱下，让她不能不忧;无人做主，让她不能不痛。尽管她还是以贵族千金小姐的姿态傲娇着，可她的内心却总少不了那种被命运遗弃的悲哀感。

说是无可奈何，实际更是无所作为。鉴于曹雪芹为黛玉设定的，就是一种不食人间烟火的神性之美，所以，尽管预见到了大厦将倾的悲剧，黛玉并没有做任何的反应。她曾经对宝玉说过贾府这种豪奢的过活，总不是长久办法。可宝玉只说了一句"这也不是我们所能管的"，她就抛开去，再也不提起。

倒是对宝玉的痴情一片，黛玉曾经有过点滴行动。在薛姨妈点破黛玉心事那一回，黛玉要认薛姨妈为母，可被宝钗的一句玩笑话给推开了。即使如此，国忌时，薛姨妈住进大观园，住在黛玉处，黛玉就跟着宝钗喊妈妈。黛玉此举，一是聊解母去无依、寄人篱下的虚与苦，二也有让薛姨妈为自己做主的意思。可黛玉也知道，薛姨妈根本无法为她做主。所以，她的这番苦心最后也还是归于无奈。

当人生只剩下无奈时，黛玉也就只能长歌当哭了。可是，就连宝钗，如她对黛玉所说，尽管有家有业，有娘有哥的，可也还是多身不由己，也还是要有寄人篱下的那么一个阶段。说起来，所有人的人生，都是寄居在自己这个皮囊之下，所有混在世俗中的命运，大都身不由己。

就像鲜花，必须要依赖好风好水好气候。一旦天有不测风云，那刚绽放的鲜妍就成为一地红湿。世界永远存在着冷酷和悲伤，万物都躲不了被无情捉弄的命运。鲜花虽然依赖盛夏，但落叶总会成全秋风。这就是现实，也只有这样的现实，才给了我们鲜活的存在感，让我们在命运紧迫性的悲剧下，轻快地活出一种沉甸甸的价值感来。

明知花期短暂，明知风雨无情，可没有哪一枝花，愿意浪费这来之不易的一命。只要有一丝和暖，那鲜花，就是在石缝中，就是在悬崖边，也敢把自己开得耀眼、鲜艳。秋风来了，低了头，弯了腰，也还是不减那一缕怒放着的花色，也还是有敢迎风而立的娇美。暴雨蹂躏，落了地，化成泥，也还是不辱生之使命，化泥护花，延续另一个时间段的绽放，给予另一个生命之力量。这才是自然之韵，这才是存活之美。

生命，不相信眼泪。眼泪，代表的是懦弱，代表的是不能行动的懒惰性。智者早就在千年以前说过，上天在关上一扇窗的时候，总不忘打开一扇门。任何悲催的命运，也还是为人留下一条活下去的路径，哪怕是狭缝一条，只要你敢走，只要你去走，未必不能走成平坦大道。无奈地流泪，抱怨地等待，是等不出来平坦大道的。

最好的命运，也不只有美好，都有被泪浸过的痕迹。我们谁都躲不了哭这个特定的人性情结，可哭，不该是逃避现实的无奈，而应该成为我们认清现实的觉醒。命运给了我们当头一棒，我们又痛又惊，可我们不能就此定格，我们改变不了已经发生的，但至少可以去预防那还没有发生的悲剧。流着泪的时候，我们也该思考着；流着泪的时候，我们也该强悍着。我们不是林黛玉，我们该有博大的心胸，命运送来什么，我们都能接住；命运给我们几重山水，我们都能赏得了。

那些站在高处笑着的人，不知道在漫长的黑夜中经历过怎样的哭，又慨叹着怎样的不幸，可有的人没有只是哭，没有懒于行动，这样的人生终有一天会如鲜花般绽放。这是一个忙碌的世界，这也是一个孤独的世界，每个人都活在自己的无奈中，每个人都必须要解决自己的无奈。没人在乎你是怎样地哭，人们只在乎你是否灿烂地笑。

生活，不相信眼泪，眼泪，只能在戏剧里流，调剂别人的悲哀，成为自己人生一缕淡淡的浪漫。世界，不相信眼泪，眼泪，该是你解毒的过程，而不是自我救赎的过程。你可以哭，但不要像林黛玉一样哭成性，哭出格，在哭中生，在哭中活，在哭中逝，让眼泪成为恶性循环的一个毒果。

让意志坚强到底，让心灵柔软无边

有一种软体动物，叫蜗牛，蜗牛的背上，背着一个硬硬的壳。这壳，是蜗牛的家，让它随走随栖；这壳，也是蜗牛的自我防护手段，用坚强覆盖脆弱。

人生来脆弱，旦夕祸福谁都难以预测，生死更是无常。我们必须要有足够坚强的意志，才能应付生活的诸多不如意，才能对付各处飞来的明枪暗箭，可除此以外，我们还要有一颗柔软的心。

在世界上活着，就不能怕事。世界终究是鱼龙混杂，你就是闭门不出，也难保祸不从天降，真若大事临头，就不能缩头缩脑，胆战心惊，必须要迎风而立，即使输了阵仗也不能输了气势，即使深入泥沼，也得咬着牙让自己挣脱出污泥成为洁白的莲花。这说的就是最直白的坚强，要的就是一个气势，一个刚硬。

可不怕事，还有一个前提，那就是不惹事。就像蜗牛，得有一个坚强的壳，作为天然的防护，还得有一个柔软的身，使它能够在广袤的大地上伸缩自如。世界上很多事情，都属于无风不起浪。我们若想坚强到底，还得从自身修养上下功夫，明白自己的身份价值，不无事生非，不掐尖要强，也不无理取闹。

我们都知道，曹雪芹对黛玉是极为偏爱的，他那么喜欢用笔墨描绘服饰的人，却从来不提及黛玉的装扮，就是为了让黛玉那超凡脱俗的气质脱颖而出。可同时，曹雪芹笔下鲜有平面的人物，像黛玉这样一个清丽聪明的人，也做过几次落人把柄、被人诟病的事情。

第一件，当然非周瑞的送花莫属了。周瑞家的受薛姨妈之托，进大观园送花。黛玉对花不感兴趣，淡淡地只望了一望。倒是宝玉，很有兴致地问道："是什么花？"周瑞家的尚未回答，黛玉就问道："还是单送一个人的，还是别的姑娘们都有呢？"周瑞家的说："各位都有了，这两枝是姑娘的了。"林黛玉一听这话，马上就"冷笑"道："我就知道，别人不挑剩下的也不给我。"

两句话一出口，瞬间就得罪了两个人。第一句话，怪怨薛姨妈没有重视她一个人。第二句话，又嗔怪周瑞家的势利眼，没有让她第一个挑花。黛玉此举，不但辜负了薛姨妈的一番好意，还对跑腿而来的周瑞家的，也显得极为不敬。说得好一点，是高贵冷艳，可这高贵冷艳却以伤害别人为代价，于是你怎么看黛玉，怎么显得小家子气，甚至很自私。为什么薛姨妈一定只能疼你一人？为什么周瑞家的一定要先把花送到你那里？

薛姨妈当然不会只结黛玉一个人的缘，她是一个很会做人的人，一团和气，广结善缘。至于周瑞家的，也是一个圆滑世俗之人，极会做事做人。有贾母溺爱林黛玉，就连王熙凤都要处处高看黛玉一眼，她周瑞家的，就是看眼色行事，装也得装出一个尊敬状来，怎么可能敢对黛玉不敬。

说句公道话，周瑞家的从梨香院而来，离梨香院最近的，就是王夫人的院子了。而贾氏三姐妹此时正在王夫人的后抱厦住。就是凤姐处，也离王夫人院不远，也比到贾母那里（此时黛玉和宝玉都住在贾母那里）近些。因此，周瑞家的送花之路，不过是沿路而来，谈不上什么折路绕远，也就没有什么让重要的主子先挑的理。如果真要那样的话，周瑞家的是一定先给凤姐而不会先给三春了，因为凤姐是当家人，是她周瑞家的真正的顶头上司。

　　而且，周瑞家的把花送给迎春和探春时，两个小姐正在专注地下棋，可听周瑞家的说来送花了，都欠身道谢。周瑞家的送到惜春处时，惜春也笑着和周瑞家的说了一会子话。就是凤姐处，平儿对周瑞家的也还是一个平和的同僚的态度。唯有到黛玉处，周瑞家的不明不白受了一顿抢白，她到底是仆人，不敢说话，可心里，一定对黛玉有了看法。

　　周瑞家的是王夫人的陪房，在王夫人面前说话也是举足轻重，她若真存了坏心，在王夫人面前稍微提那么一小句，想那王夫人本来就对黛玉颇有看法（撵晴雯就是一个重要的证据），被周瑞家的一说，必然会心生厌恶，甚至会产生鄙视心理。王夫人最看不惯的赵姨娘，就曾经有这样的论调。

　　第二件，就是在薛姨妈家玩乐，黛玉调唆宝玉不听李嬷嬷的话。说"调唆"似乎有些过，可听听黛玉的话，真真是尖酸刻薄的。她说："别理那老货，咱们直管乐咱们的。"这话当然是悄悄地咕哝给宝玉听，李嬷嬷没有听到，她还一径让黛玉劝劝宝玉不要饮酒。黛玉冷笑道："我为什么助他？我也犯不着劝他。你这妈妈太小心了，往常老太太又给他酒吃，如今在姨妈这里多吃一口，料也不妨事。必定姨妈这里是外人，不当在这里的也未可定。"说得言语锋利，尖嘴薄舌，十分强势，不但李嬷嬷听不过去，说林姐儿的话"比刀子还尖"，就连宝钗听了也不禁笑了，往黛玉脸上一捏，说"真是恨也不是，喜欢也不是"。

　　黛玉此举，想来还是说给宝钗听的、做给宝钗看的，以示自己在宝玉心中是有地位的，这是她的嫉妒心作怪。可她完全没有意识到，她又不明不白地得罪了李嬷嬷。李嬷嬷是何等人，她是在宝玉面前作威作福惯了的，且仗着贾府的人对奶妈恩重一重，身份地位都比一般的仆人高出一等，她的眼睛翻在头顶上的，认定就是薛姨妈，也要给自己一个面子的，谁知竟被黛玉奚落了一通，她焉能不恨怨？瞧她，当面就指出黛玉说话尖刻，心里估计是早就翻江倒海了。

　　除此而外，还有对史湘云大舌头的刻薄，还有把刘姥姥称作"母蝗虫"的刻薄。就整个作品来说，黛玉的这些缺点，不过是一个尚未成熟的小姐，在寄人篱下的环境下、成长过程中的自我挣扎，算不得什么。可对贾府中的人，尤其是那些仆人来说，就是另一番意义了。后来在宝钗送了赵姨娘礼物后，赵姨娘的内心活动，就是直指黛玉，认为她目下无尘。

就连袭人，对黛玉，也还是有一个不敢说重了的点评。"诉肺腑心迷活宝玉"那一回，湘云说让黛玉去做袭人手里的针线活，袭人这样评价林黛玉："他可不作呢。饶这么着，老太太还怕他劳碌着了。大夫又说好生静养才好，谁还烦他做？旧年好一年的工夫，做了个香袋儿，今年半年，还没拿针线呢。"虽然言语里没有半个字的批评之语，可字里行间却带着一种强烈的不满。

还有一回，贾雨村来见宝玉时，史湘云劝宝玉多读书多上进，袭人马上劝湘云不要说，还说宝钗为这话受过宝玉的羞辱，她说："这里宝姑娘的话也没说完，见他走了，登时羞的脸通红，说又不是，不说又不是。幸而是宝姑娘，那要是林姑娘，不知又闹到怎么样，哭的怎么样呢。提起这个话来，真真的宝姑娘叫人敬重。自己讪了一会子去了。我倒过不去，只当她恼了。谁知过后还是照旧一样，真真有涵养，心地宽大。谁知这一个反倒同她生分了。那林姑娘见你赌气不理他，你得赔多少不是呢。"说到这里时，袭人就已经不是隐藏着了，而是直截了当地说黛玉小性儿、刻薄，甚至是心胸狭窄了。

作为宝玉内定的一个姨娘，袭人尚如此评价黛玉，想黛玉将来即使嫁给宝玉，恐怕也有生不完的闲气，也有为不到的人情，再怎么要强，也必然是风中之叶，只待飘零而已。

我们不是黛玉，也没有贾宝玉即使你小性儿恼人也必得来低声伏小的，更没有贾母这样可以一手遮天、把你捧若掌上明珠的大靠山，进入社会，首先就要体会一种飘摇的孤单，若不能修炼自己的身心，没有坚强的意志，只会徒然为自己增加坎坷而已。

人们都只赞美蜗牛能精明地制造一个坚硬的壳，却没有发现，壳下面的蜗牛，实是柔软无骨。这坚硬的壳，让这柔软无骨有了安全的防线，而这柔软无骨，又给了这坚硬的壳发挥特长的空间。

做人，得有坚强的意志，更该有柔软的心灵。

不要把自己置于大局之外

大局，是全面的形势。我们的局，未必能左右大局，但大局一定会影响我们的势。这就像航船入海，你既能驾驭得了自己的船，还能对大海有所了解。船之入海，船才能成为船；人之入局，人才能左右自己的势。

我是一个根本就不懂大局的人，于是常常会产生这样的心理：为什么倒霉的总是我？为什么受伤的总是我？同样是人生，我看到的别人的生活，是花团锦簇，再回头看我的世界，就只剩下个大地白茫茫，一片荒凉。

我的境界低，眼界窄，做人随运，做事又随心，别说拯救世界，就是改变某种事态的决定，也常常闹得我诚惶诚恐。对照别人的人生，赫然发现，我一直走在人生的边缘，自己这张最重要的牌，却始终没有想过要打出去。

读《红楼梦》，看黛玉的人生，有一种悠游世外的意味。就说贾府的大局，黛玉早就有认识。在探春行权治理大观园的时候，黛玉病着，事后宝玉将探春、宝钗等治理的情况说给黛玉听，黛玉说："要这样才好，咱们家里也太花费了。我虽不管事，心里每常闲了，替你们一算计，出的多进的少，如今若不省俭，必致后手不接。"黛玉虽然对俗世繁务均不上心，但走马观灯地看过，就在心里存了思绪，只是不思谋罢了。

夜宴群芳时，黛玉说："你们日日说人家夜饮聚赌，今日我们自己也如此。以后怎么说人"，这是管理上的上行下效，黛玉对自己要求非常严格，能够以身作则。众人行酒令时，又是黛玉出了个主意："依我说，拿了笔砚，将各色全都写了，拈成阄儿，咱们抓出哪个来，就是哪个"，在后面和凹晶馆做诗那一回，黛玉又有个使韵的招数："咱们数这个栏杆上的直棍，这头到那头为止，他是第几根，就是第几韵"，这都说明黛玉思维敏捷，聪慧过人，而且善于创新。

诸如此类的，你还可以寻出很多，但再多，也只能说明林黛玉巧捷万端，也可以说见经识经，可你很难说她精明强干，因为她始终置身事外，不参与，不掺和。

黛玉之所以如此，一是因为身体弱，贾母溺爱，不愿意让她经历那么多的俗物事；二是她到底是客，不是主，王熙凤在生病的时候，就曾经说过"黛玉和宝钗两个都是好的，偏又都是亲戚"，黛玉虽然够直率，可她也明白自己的身份地位；三是曹雪芹的设定，黛玉到底是仙子的身份，那就该是诗情画意地活着，不食人间烟火才对。

正是由于黛玉对生活、对贾府大局的不思谋，才使得很多人，尤其是男人认为，黛玉不过是纸糊的美人灯，风吹吹就散了（王熙凤就曾用这话形容过黛玉），哪里还能用来管理家务。在我们俗人的眼里，黛玉就是一幅画，远远地看，怎么着都是美的，近了，却不过是薄薄的一张纸，既不灵动，也不立体。

设想一下，如果治理大观园的是黛玉而不是宝钗，以黛玉的智谋，未必就差了宝钗。就是身体状况，也未必就会因此而劳累了。有了这些实事可做，减了她胡思乱想的时间，断了她春花秋月的愁感，可能会对她的身体有益也未可知。而且，有了掌握大局的真实行动，黛玉更多的优秀品质，比如有担当、有能力等方面的魅力就会得到充分体现，上上下下都能够敬服，这一定能让她和宝玉的婚事得到一个加分。

可黛玉到底只是黛玉，黛玉走的路，就是停船靠岸。我们不是黛玉，我们还得继续在人生的大海上航行。厌弃大海，逃避大海，你必然会成为浮萍，只能任由风吹浪逐，了无终日。

有人说，我倒想要掌握大局，可我哪有能力。既然没有能力，就只能任由风吹雨打了。未必。我也是没有能力的，我看大局，就如我看夜空一样，只是满眼的星，满世界的灯，迷迷蒙蒙。可据我想来，我再怎么目光短浅，至少可以为我脚下的这一点点路负责。

我是一个没有自信的人，做事常常心存恐惧，而且优柔寡断，这几乎成了我性格上的烙印，洗不净，晾不干。可当我在人生最低谷挣扎时，我终于学会了一个很好的招数，那就是善于行动。你可以这样理解，正在溺水的我，仓皇之间，抓住一根救命稻草之后，自此就永远不会放松。

我没有任何选择，我只能行走，不停地行走。我甚至顾不得方向的对错，我只能动起来，才不至于在某个地方永久地沉下去。走着走着，我终于有了力气，有了辨识力，于是，我开始决定方向。因为我的笨拙，决定方向的时候，又是一场鸡飞蛋打的混乱。我依然不能停，我依然要继续走下去。走下去，终于还有机会，让我修改我的方向。现在，我的路依然不是很好走，可至少前方的雾，呈渐散的趋势，我人生的大局，终究会让我自己来掌握，这对我来说，就是喜事一桩。

其实，人生之路，每走一步，都会沉淀下自信。天赋和能力会在一定程度上给我们自信，但更多的时候，则是那颗不肯动摇的心，不甘退步，不甘逃避，才让我们终于有了重新衡量自己能力的机会，也才让我们始终保持自信，掌握得了自己的局势，能跟上大局。以小见大，渐行渐远，也就渐行渐稳。

长大，是一件需要勇气的事

人生，总不能如初见，因为岁月在不停流转。莫道故人心易变，谁不喜小儿，就是无赖，也是可爱。谁不愿做少年，就是胡思乱想，也只是"思将来也，生希望心"。可我们有谁能做彼得·潘，永远停留在那最美的年代，永远能做最浪漫最让人心动的事情？

宝玉有一句形容女人的话："女孩儿未出嫁，是颗无价之宝珠；出了嫁，不知怎么就变出许多不好的毛病来，虽是颗珠子，却没有光彩宝色，是颗死珠了；再老了，更变得不是珠子，竟是鱼眼睛了。分明是一个人，怎么变出三样来？"

你若去问管家林之孝家的，王夫人陪房周瑞家的，厨房的柳嫂子，甚至王善保家的，年轻的时候，岂是如此世俗锋利的、爱惹是生非的、媚上欺下的？

大观园之所以美，就因为住着的，都是最稚嫩、最纯粹、最尊贵又最清净的女孩儿。因为清净纯粹，纵然有小性儿的，有快嘴利舌的，有故意沉稳的，被流光溢彩的年华一衬，在还没有更多的繁务世俗来扰的生活中呈现，也就都有情可原，不好去评判。甚至再偏爱点，就连这些缺点，都是美的了。

王熙凤纵有千样唇舌，贾母纵有万种玩乐，把生活折腾出个花来，大约也难以看出净美来。言谈举止间，免不了的世故，玩乐纵情，也绝对掺杂着说不尽的厚黑之道。这倒也怪不得她们，因为她们已经被时间驱进了世俗的社会。谁不食人间烟火，谁就是死路一条。

或者，就让林黛玉、薛宝钗、史湘云、三春，以及宝琴和岫烟等青春逝去，不用老态龙钟，只老成了徐娘，大约也是不堪长时间欣赏的了。

我常想，曹雪芹之所以让黛玉早早逝去，正是有心要让她做个彼得·潘，定格在那最美的年华，留住那最纯粹的心态。如此，好与不好，都是难说的了。而宝钗，却一直要活下去，并且要和认定了草木姻缘的宝玉成亲，在不情不愿中，应付生活的变故，眼见着自己的理想破灭，身受着生活艰难的痛苦磨砺，等待着自己年华老去，沉浸在更多更具尘烟的世俗中，一直熬下去。

我们呢？没有谁能做得了黛玉。我们都得熬下去，明知道会变得失去了光彩，可该思虑的必须要去思虑，该筹谋的也一定要去筹谋。这就是人生，淡烟细雨中，等待斜阳懒照枯草，不能回春。

我们都得要长大，最终都要失去芳华。有多少不堪的未来，让我们不寒而栗，又有多少的留恋，让我们难以舍下。可时间推着我们，我们停不下来。

但我们不能只在这里感叹，你若愿意去思考人生，采取行动，那么纵然老大颜色改，或者嫁作商人妇，人生不复初见，也还是会体会到一种淡然的幸福。世俗尘缘，琐碎是琐碎，却没有什么可怕。

长大，是一件最需要勇气的事情。每一个成长的瞬间，我们都会有一种改变。很多改变，只为了适应，不得已就变成了头不是头，面不是面。纵然如此，也没有什么关系，细水长流的好处，就是还有个以后。耐心地步入下一个春秋，你终有机会找回自己。

未来难以预测，正好能让我们这饱胀的好奇心和创造力，有了用武之地。细数人类的历史，要不是有那么多慢慢长大变老的人，又哪里有那么多人类文明一件件传世。少年纵然思维敏捷，到底成事不足。只有在时间的沉淀中，在事情的历练下，人才会变得更聪明，变得更敏锐，也变得更有创造力。这种成长，就叫蜕变。毛毛虫变蝴蝶，作茧自缚之后的蓄势腾飞，那叫一个傲气满天，那叫一个潇洒落地。

即便处身尘世凡俗，长大，也并不可怕。人性的美好中，有一个耐性。从长江头，走至长江尾，一路都是风景。就只做个看客，至少还可以有各种眼福。我就是个凡夫俗子，在工作奔忙中白了头，大约就是我的宿命，平时的玩乐，也鲜有什么破格的景儿，一日三餐，有时候都懒得收拾烹煮，可我还是有我的乐趣。一日，站在阳台上，看见两只掐架的麻雀，也自得其乐；又一天，在楼下看到两个唱童谣的小孩儿，也觉得心生喜欢。小事凡俗，就能乐得了我，凡俗小事，又立刻会缠住我。我不是什么改变世界的主，我连我自己的世界尚有多处不能搞定，可这，岂不正是我的乐趣？

反过来再去想，黛玉的人生，只得那么十几年的风华月貌，有风无浪，就匆匆离别，岂不是太过单调？有几个女孩没有自己的风华月貌？纵然难以倾国倾城，到底在某个小世界里还有自己的一种风姿。

再讨论一句，难道俗世尘烟，就没有诗意吗？人生不只有落日楼头，不只有春花秋月。想大浪淘沙，孕育了多少千古风流人物，难道不美？小桥流水，人家遍地是风情，难道无韵？大漠孤烟，仓皇而寂寞，可难道无情？

长大，虽然把我们浸入各种世俗尘缘中，让我们经受各种考验，可也正因此，我们终于可以丰富自己，可以审视自己，可以修正自己，而不再如一个平面，审得了美，审不了丑。

世界如此美好，自然如此有力，为什么在设置了山之灵秀、地之浑厚、水之轻柔、云之妖媚之后，还会有穷山恶水，还会有乌云压境、闷雷滚滚，还会有水之泛滥、虫之灾荒？

还记得那个丢了一角的圆寻圆满的故事吧？尚有缺陷时，它能看山，能玩水，还能和小虫一起打瞌睡，可当圆终于圆满，它就只剩下迅速的滚动，不见山，不着水，耳边，只剩下呼呼的风声了。长大，常常要被磕碰，被削磨，会让我们失去很多，不得圆满。可这不圆满，却又有多少故事可说！

我不是林黛玉

第二章

爱，该让你变勇敢，而不是脆弱

不懂爱的人，不懂人生。没有经历过爱情的人，难以知晓最柔软、最诚挚、最自由的自我。爱情，看似使人进入忘我之境，实则正是让人体会独我之心。所谓独我，可不是自私的我，而是在外境熏染之下已经变得身负重累的我。

这个我，常常是脆弱的，是多虑的，是拿不起放不下的。如此的我，在爱情之中就会变得多愁善感，变得疑虑不定，变得焦躁不安，甚至变得刻薄而无情。爱情，常常于最美好之处，显示人性的卑劣。可是爱情，也常常能把人性的脆弱炼成勇敢和担当，这就看你怎么去选择。你若选择任性，那么你得了的爱情，也只是纵情；你若选择勇敢，在爱情中容人，最后成为自己内心之悦。

打破醋缸，难得团圆

情窦初开的女子，大约没有几个不是多愁善感、吃醋捏酸的。一为情感尚不成熟，二为用心真而深。像黛玉之于宝玉，就是如此。

在黛玉初进贾府时，寻衅闹事的，是宝玉，为了这个神仙一样的妹妹没有玉，就闹了个翻天覆地。此时的黛玉始终是陪着小心的，一直到宝钗进贾府，黛玉在和宝玉耳鬓厮磨的那几年，曹雪芹说，两人一直是"言和意顺""略无参商"，而且因为"同行同坐""同息同止"，两人比其他的姐妹还要"熟惯"，还要"亲密"。

可宝钗进了贾府，宝玉和黛玉之间的关系，就变得微妙起来。一开始，还只是宝玉出言冒犯，惹黛玉生气。后来，黛玉就变得刻薄无礼起来，尤其是对宝钗。到"比通灵金莺微露意、探宝钗黛玉半含酸"一回，黛玉对宝钗的敌视，已经是十分明显了。

宝玉先一步来探望病中的宝钗，两人正说到宝钗身上的丸药香味，黛玉就"摇摇地走来"，一见了宝玉，马上笑道："我来的不巧了。"然后马上又说了一堆什么他来我不来的道理。此时，还算有礼，到薛姨妈给宝玉端来鹅掌鸭信品尝，宝玉要酒配菜，宝钗说了一番不能饮冷酒的话后，黛玉对宝钗的意见就更大了，可她到底还是忍耐着。

曹雪芹描绘黛玉"嗑着瓜子儿，只抿着嘴笑"，在贵族小姐的气质下，隐隐藏着那么一点浮气，那么一点薄心。

可巧此时黛玉的小丫鬟雪雁走来给黛玉送小手炉。黛玉问是谁叫雪雁送来的，雪雁说是紫鹃姐姐。黛玉借着骂丫头表达了不满："也亏你倒听他的话。我平日和你说的，全当耳旁风，怎么他说了你就依，比圣旨还快些！"很显然，这是含沙射影，表面上说的是雪雁，实际上说的是宝玉。这一点，宝玉知道，宝钗也知道，因她"是如此惯了的"。

黛玉之性，最是清高，喜散不喜聚。在贾府中生活了那么久，虽与探春等姐妹没有多亲近，可也没有什么大的矛盾，大不了不在一起亲密玩闹。唯独到了宝钗这里，却一下子变了，待人冷酷，说话带刺，如临大敌。

在这之前，宝玉就已经有了初试云雨，说明几个人都已经到了情窦初开的年纪。若还只是双玉在一起，宝玉再"愚拙偏僻"些，有个"求全之毁""不虞之隙"的，倒也罢了，可中间加了个薛宝钗，宝玉待宝钗又几乎与黛玉毫无二致，这就难免会让黛玉"含酸"。

这个时候，还只是"半含酸"，而莺儿的"金玉良缘"之说一散播出去，黛玉的醋酸就更快地发酵。黛玉的言行变得更加不可理喻，动辄就挑刺找碴儿，说话旁敲侧击。对宝钗是一丝不让，对宝玉就更是极尽折磨。

宝玉感觉黛玉的袖里有一股儿幽香，便问是什么香，又说不像香脂俗粉的香气。黛玉冷笑道："难道我也有什么'罗汉''真人'给我些香不成？便是得了奇香，也没有亲哥哥亲兄弟弄了花儿，朵儿，霜儿，雪儿替我炮制。我有的是那些俗香罢了。"此话直指宝钗的"冷香丸"，想必黛玉早就知道了冷香丸制作的繁杂过程，故有此一说。可这话里话外，都是鄙薄不屑。

到剪香囊一节时，黛玉本来只为宝玉对她不够珍重，却没想到自己一剪子下去，却又剪出另一番情乱之意来。原来这剪掉的香囊，正是湘云给宝玉的。湘云对宝玉，也是有两小无猜之谊，至于有没有情爱，众说纷纭，暂且不论。但黛玉对湘云，也醋意很深。湘云将"二哥哥"唤作"爱哥哥"，就成了黛玉嘴里的一个把柄。在史湘云头一回出场时，黛玉就大肆嘲笑一番，惹得湘云很不高兴。偏湘云又搬出宝钗来解围，惹得黛玉更是心事重重。

粗看红楼，大约只能看到黛玉的这些薄言，难以体会她的真善。其实曹雪芹那么喜欢黛玉，自然塑造出来的黛玉是脱俗的。只不过此时的黛玉，正处于恋爱之中，那孤高的本性一下子被爱情所牵，眼里心里都是宝玉，既不知宝玉的本心，又不懂控制自己的感情，于是乎无端寻愁觅恨，动辄就争风吃醋。

这也难怪黛玉如此，正是豆蔻年华，正是两小无猜，原来还有个亲密无间，此时却无端有了三角、四角之嫌。黛玉本来就为寄人篱下所累，敏感而多疑，自然是无法宽容别人了。

正是这些无端的猜疑，正是这些挑剔的言语，让本来就多愁多病的黛玉变得更加脆弱，也更加不得人心。同时，还把个对她一心无二的宝玉，也弄得痴痴魔魔。

纵然情窦初开时，有此一弱，可谈过恋爱的人都会知道，不管你是多么女神一样的人物，若直管任性到底，一味醋意不离，时常猜疑多虑，那么不管是多么有修养的人物，也是难以对你始终款语温言了。在隔山隔海地追求中，自然是少不了的俯就温言，可真若说到个天长地久，遭遇了这任性吃醋，那也会把再好的修养都折磨殆尽。到最后，别说爱意难以保全，很可能闹个一拍两散，好的姻缘，闹出个恶的结尾。

普天下只有一个宝玉，可以放下身段，能在林妹妹前团团转，至于别的人未必可以如此不计较，容忍一而再再而三的任性。其实就连宝玉，心里也还是不喜黛玉的多心，每每劝黛玉放宽心。

爱情里虽有个无理可说之理，但爱情里也有个互相尊重、互相信任的前提。作为最初的试探，故作个吃醋状，也只适应娇憨着玩耍，而不适合如此挑起风波、大动干戈。容不得爱人，也容不得爱人身边所有的异性，最后，只会让自己痛苦不堪。

本是你的爱，何须求证于人

黛玉是绛珠仙子，降生就是为了了却一段前缘。她对宝玉的爱，自然而然地来，也是身不由己地投入全部感情。就为了这一个前世的恩人，黛玉眼里几乎没了别人。

一个沉浸在爱情里的女子，一方面为自己的情所困，另一方面又希望对方对自己倾心。黛玉在宝玉面前的那些任性玩闹，那些小性儿尖酸，其实都不过是不由自主地试探对方。有意思的是，宝玉在她面前说了句"你是那倾国倾城的貌，我是那多愁多病身"，就惹得黛玉恼了，说宝玉冒犯了她。

宝玉哪里敢冒犯她，不过也如黛玉一样，是情到深处去试探对方而已。诸如"若共你多情小姐同鸳帐"这些话，都只是宝玉的爱意表达。大约男孩女孩心性到底有区别，宝玉如此的试探，反而遭黛玉抢白，甚至为此落泪。想宝玉那一颗心，也必然悬疑不定，不知道该怎么相处是好。

作为生活在封建伦理道德下的贵族小姐，黛玉再怎么超凡脱俗，也还是免不了道德礼教的束缚，因此，宝玉这些脱口而出的心里话，反而不能成为他爱着黛玉的真正印证，只是变成了一种轻浮的言行。

于是，黛玉对宝玉的爱，就更加忐忑，想撒手，又撒手不得；想深爱，又深爱不了。人在眼前，却不知道他的一颗心到底在何处，忧虑不已，惆怅难眠。湘云和黛玉两人在八月十五夜联诗后，两人一起入睡，却都不能入眠。湘云不能眠，是有择席之症，而黛玉不能眠，却是常态。黛玉叹道：

"我这睡不着也并非一日了，大约一年之中，通共也只好睡十夜满足的觉。"黛玉的难眠，固然因身体多病，可为宝玉而挂心，却也是少不了的一个重要的原因。

我们都知道，黛玉的爱是没有附加条件的，她只看重这一个人、这一颗心。几百年来，她深得人们的喜爱，也正是她的这种不世俗的态度。可黛玉的爱，又是负累的爱，没有做到真正的超然。超然的爱，不为爱的结果，不为爱的对象，只在爱之本身。

黛玉是连那些淫词烂曲都不愿意听宝玉说的，想来也不是为了爱欲的结果，只是她却也犯了执着，一遍遍为自己的心去向另一颗心求证。想那神瑛侍者对绛珠仙子也是一往情深，终于了却这一干情爱的波折。

我们不是绛珠仙子，也没有谁为我们安排一个神瑛侍者来，爱情中难免会走错路，难免会遭遇爱而不能得的波折，我们不能如黛玉一样一遍遍去求证，也不能如黛玉一样因终不可得而毁掉自己。

爱情，是有更深远一层的意义的，爱情，最后应该让人变得勇敢，变得豁达，而不是变得狭隘，变得凶恶。没有爱人的爱，仍然可以印证自己的心，仍然可以让自己的人生变得丰满，这才是"爱"字的神圣之处。

张爱玲在《沉香屑·第一炉香》中用薇龙的话这样说：我爱你，关你什么事？千怪万怪，也怪不到你身上去。这句话贯穿在整个情节里，使整个故事显得极度悲伤，读者一旦从那个故事里出来，脑子里就只剩下这句话，还有这句话的潇洒和淡然。

薇龙固然是一个虚荣心强的女孩子，可她的这句话，却把她的沉沦救赎个干干净净。她是堕在那样一个腐化的圈子里了，连挣扎的余地都没有，可对待爱情的那个她的形象却慢慢浮上来，就像是浮云散去后的半月，尽管不圆，尽管不亮，却还是美着的。

薇龙没有参透物质之道，却无意中道出了爱情之神。天下的女子，只要自己心里有爱就好，不去求证于爱人，可能没有几个人可以参透这些了。

凡是爱了的，就如抛石入水，总要听个回响。若没有个回响，便如人生没了意义，不是要自毁，就是要寻仇。如此求证爱，实在是错误，反而因此成了灾祸的起源，实在是玷污了爱。诚然，一心并做两心，两心情归一处，这才是百年好合的道理。可爱是没有道理的，人生也不是只有一个百年好合的机缘。要知道，你的爱，一定是对的，可你爱的人，不一定是对的。我们不能因噎废食，因为看到一个错误的人，就连同自己的爱也一通贬损、毁坏。

大概就因为人只要爱了，就必要求证，而求证中，又多有错误之情，于是有很多人几乎是谈爱色变。

网络上常有各种印证对方是否爱自己的秘诀、让对方爱自己的招数，闲聊中也常有人说："我不先付出，我凭啥先付出"，"他不爱我，我就不爱他"，等等，把个爱字变成了一种能够互相交换的俗物，变成了一种为幸福而使用的手段。仿佛自己多爱了一分，便吃了天大的亏，仿佛自己若爱了，自己先就低人一等，自己从此后就会变成弱势，处处受制于人。

当今社会中的剩女，大概就有不少是抱持这种思想的。因害怕受骗上当，就干脆不主动爱，有的等着天降奇缘，有的即使真有了那么点喜欢之意，也马上就被各种世俗的想法所辖制，不能释放本心的自由。如此地迟疑、如此地计较，本来该到手的机会，也就慢慢地溜掉了。

很多剩女特别烦恼，总是说：我没有什么条件啊，我的条件已经降到这样的地步了，为什么还是没有鱼儿上钩？其实这样说着的人，大概没有一般人所说的世俗的条件，可心里，还是有一个难以逾越的爱之条件，要么是对方付出多一些，要么是能力高一点，没有这些条件，就不会去爱。如果你都启动不了自身之爱，你又怎么会遭遇美丽的爱情呢？

当分手成为定局，平静告别

　　姻缘从来就是一个奇妙的东西，有些人，只是在人群中一回眸，就注定了终生相依为命;有些人，费尽心机，殚精竭虑，还是把捧在手里的一生情，毁于一朝。人生无常，一转身就是一重天地。

　　不管结果怎样，遇见一场缘，送出一份情，就如春风送暖，春意渐浓。所以有人说，爱，只是如赴一场花事，看到的，都是锦绣，听到的，都是繁荣，闻到的，更是馨香。即使那只是青葱的岁月，即使那只是薄凉的人生，有了这场情，人生总归还有一个彩色的梦。

　　所以，即使这样的情不能长久，即使两个山盟海誓过的人终成陌路，我们可以懊丧自己的选择，却绝对不好去诋毁那曾经的一段爱情。爱时，爱得热情；散时，要散得平和、平静、平淡才好。

　　对待爱情，黛玉当然是个不能放下的人。这也难怪，她此生唯一的目的，就是还泪而来，情满而去。很多读者实在不舍黛玉这样一个聪慧清丽的女子，就为了一场婚姻阴谋而焚诗断情、魂归天路，这未免过于残忍。于是在红楼梦里处处寻找曹雪芹的伏线，为黛玉找了一个北静王这样的如意情郎，并宣称：只有这样，才可以成为名副其实的"潇湘妃子"。

　　这当然都是我们书外人的一厢情愿，也是人之常情。人之常情，是喜团圆不喜分散，可事之常理，却是"千里搭凉棚，没有不散的宴席"。黛玉因爱而终不得，就在那么小的年纪，白白葬送了性命。这种离去之法，到底只是艺术作品里的故事，不能成为我们凡人的人生。

人生，总不得圆满，爱到最浓处，也还是会有个险情。一旦情落险滩，爱进荒林，我们得有个量度，不为去的伤心，早为来的做打算。"爱"字固然美好，却遮盖不了一生。人生的长久，必须要在爱的浓情和淡漠之后，还人性一个淡然、平和。正是山重重叠叠，总有个去处，水团团绕绕，也有个归宗。

黛玉的不能平静，只是太过于执着曾经的花前月下，太过于相信以往的肺腑情深。殊不知，人生有个生老病死，一年有个春夏秋冬，即便爱情，其实也有个甜蜜稀松。一旦过了爱的保质期，热情倏然而去，冷漠随即来袭。就是天仙美女，也会被看作蠢妇凡人，至于凡人素脸，就更是罪加一等。冷漠者对对方的性格评判，常常是另一重山水、另一种说辞。大多时候，男人，时间越久，就越是薄情，倒是女人，越是接近，反而越是放心不下。

当然，宝玉到底是和黛玉知心知意的，即使结了婚（高鹗的版本），口里心里的那个，也还是黛玉。说到底，这算不得背叛。对现代人来说，黛玉只是输了婚姻而赢了爱情。能够看透的人，相比宝钗那种赢了婚姻、输了爱情，更喜欢黛玉的结局。既然两情已经长久，又何必在乎朝朝暮暮？可对那个时代的人来说，结婚，就是一种人生的结束。若黛玉和宝玉联姻，那么两小无猜在情深意浓中变成百年好合，黛玉，必然能一直保持她超然的本性。可若换了一个结局，没有了宝玉的黛玉，真真是没法去描绘她的人生了。就如宝玉所说，"女孩儿未出嫁，是颗无价之宝珠；出了嫁，不知怎么就变出许多的不好的毛病来，虽是颗珠子，却没有光彩宝色，是颗死珠了；再老了，更变的不是珠子，竟是鱼眼睛了"。所以，即使是曹雪芹，也是没法让黛玉放下。否则，就成全不了这样一个艺术形象。

我们不是黛玉，我们都是凡人，上天为我们每个人都安排了各种各样繁杂琐碎的考验，我们不能按照某一种看似诗意浪漫的路数，看似纯真无瑕的行为，只因一场情有了变故，就再也无法呼吸了。

其实想一想，人生来孤独，就是白头偕老的，也还是各归仙林，何况半路之情破，免不了各奔东西。没有谁，能和你永远相伴，所有的人，在你的人生中，都不过是过客。

如果我们实在维持不了爱情的圆满，当分手已成定局，与其执迷不悟，死乞白赖地纠缠不休，不如放下手、退一步，看看更广阔的世界。

我们不是黛玉，我们终究是要活下去的，我们终究是要因坎坷而完善本性的俗人（此处的俗，只是和黛玉的仙子身份对比而已），上天大概不会因为我们为一场情而毁掉生命，就能擢升我们为仙子，我们自然没有理由执着于那个已经被事实断定为错误的人。

很多人，特别是青年男女，在初恋失败之后，就悲痛欲绝，心灰意冷，觉得看破了红尘，看透了人生。说来其实不过是一种懦弱，是不敢直面痛苦，是不愿再接受生命的真正的考验。当然也有如黛玉一样，用情至深，只是被各种世俗凡人所扰，做不了并蒂莲，就只好双双挂了连理枝。

凡是为人，都是一条世俗的生命，包括林黛玉这样的仙子身份（林黛玉是不知道自己的绛珠仙草身份的），一条世俗的生命，都免不了有与之牵挂、与之共存亡的其他的生命。比如父母，你很难说为了一段爱情就不顾父母的恩情，到底是有多美好的。但实际上，现代人谈的都是自由恋爱，受的大多是溺爱的父母之恩。大概没有多少父母，能够在婚姻上勉强得了儿女的。自然，这样的爱情，我们世俗人是没法评论的，暂且不论。

我们普通人的爱情，在繁杂的生活中，熏染了尘世的烟火，大多会掺杂更多的无情。在一起时，是如胶似漆，柔情蜜意。一旦分离，差不多就是山崩海啸，少不了的刀枪剑戟，互相攻击。尘世俗务，最是容易玷污人的清纯本性。

这是我们俗人的不能平静法。有的分手，闹上一回，也只是划天割地，后会无期。有的分手，却是从决裂的那一天起，就是一场绵延的战争，双方唇枪舌剑，不闹个鱼死网破不罢休。这可不是我胡诌，你若没事看看娱乐新闻，大概每天都少不了这样的板块。皆是看破了爱情，却看不破世俗的人。

其实又能怎样？两人骂战骂出个妙语连珠的精彩来，骂出个水漫金山的震撼来，又能怎样？不过成为世俗人的茶余饭后的谈资罢了，白白地毁了面皮，还徒增肺腑之气，实在不应该。

倒不如体会一下夏雨残荷，再去听一听雨打芭蕉，或者直面冬雪严寒。这本来就是充满缺陷的世界，既然世界能容纳得了我们，我们不如也去容纳世界的缺陷，给自己一个恬淡心境。

世界永远是这样，不是每一种情深意切，都会让人牵挂一生。其实不管那个爱过的人，在事实中怎样变成了错误，想一想，偌大的地球上能和这一人相遇，就是一种天机不可泄露的缘分。所以，与其愤怒，不如感恩，向那个走过去的人，说一声：谢谢，谢谢你在我的世界走过。

面对情敌，你得有多少本事

这是一个情敌肆虐的时代，家庭生活中，本来是一对夫妻，两人生活，却动辄就会跑出个第三者，三足鼎立，要么就是不知在何处，埋伏着第四个危机。两情相悦的故事，从来讲不到结尾。就连小户人家，男女一旦走长了线，看惯了脸，也就乏了味，没了情，借助网络千里全是虚幻的遮掩，也还是会有一些龌龊人，给自己找那么几个可以下得去手，可以遮得住丑的婚外情故事，来满足自己的一颗色心。

最容易受伤的，当然是女人，可最容易坏事的，也还是女人。男人们说到底，就是一个色心，混着半两色胆。女人们呢，则被各种艺术的、世俗的，甚至荒谬的思维控制，要么是对已经入了围城，有了法律保护的爱人，约束不了，要么，就是不满所有，贪图安逸，结果本来一个清清白白的姑娘家，变成了那眼馋四海，红杏万家，不管手里有没有那个法术，总还是忍不住去蟠桃会上尝那一个鲜儿，再破王母几万年修来的果。也难怪有一句歌词如此唱道：女人，总是喜欢为难女人。

在《红楼梦》里，宝玉对黛玉的爱是真挚而深刻的，否则也不会到情迷语痴的地步，可黛玉却还是有情敌，而且不止一个。

黛玉情窦初开后，隐隐约约觉得宝钗就是那个让她的爱情不能圆满的人物。而且这个人物，简直是太可怕了，上上下下都在夸她的好，左左右右都能见她的贤德，尤其是所有人都拿她来和自己对比。面对这样一个人物，黛玉是怎么处理的呢？曹雪芹说她"有些不忿"，然后就是话里有话地进行讥讽。

我们都知道，黛玉是一个特别直率的人，她说话，心到口到，做事，也是有一件说一件。她对情敌的做法，就是最没用的话里有话。试想，若有人真是铁定了心要与你争，岂是一两句含蓄的嘲讽就能让人转身而去的吗？但黛玉没有手腕，也不会使手段。她唯一会使的，就是小性儿。

黛玉使小性儿最多的，当然是宝玉。宝玉是她的心，是她的神，她心里眼里只有宝玉一人，以至于在众人面前，黛玉终于落下个清高的算不得罪名的罪（此罪，乃得罪之罪也）名。众人皆看不到她的暖意，只能感受来自于她的寒流。赵姨娘在薛宝钗送她礼物之后还如此说，要是黛玉，是连看都不看她们娘们一眼的。

对黛玉来说，她只是直心率意地爱一个知心知意的人，可是这场爱，却给自己树立了各种敌人，而她的情敌宝钗，则特别善于笼络人心。两相比较，黛玉一开始就从气势上输给了宝钗。所以，即使黛玉有一个贾母这样一心一意要为她和宝玉做主的靠山，她还是处处很危险。这个温柔贤惠的情敌一出手，就能让她一败涂地。

可惜的是，黛玉完全意识不到这些。在"情切切良宵花解语、意绵绵静日玉生香"，还有"诉肺腑心迷活宝玉"那一回之后，黛玉就认定宝玉和她是再没有二心的了，于是她就终于心安，眼泪也是越来越少了，就连宝钗，看着也不似原来那么可恶、让人心生恐惧了，大有一种"我若在你手心，情敌三千，又能奈我何？"的意味。因此，在因读了杂书，被宝钗那样捉着审问一通之后，黛玉反而觉得那是肺腑之言，对宝钗感激不尽。于是，那样一个雨夜，终于和宝钗有了那么一段互诉心声的话语。

宝钗自有宝钗的善良和温暖，她未必如"倒钗""黑钗"者所说的那样恶毒，但显然，她是一个十分有心机的人，她的"心思极为细密，虑事十分长远，为人又极善守拙，在利益面前对死亡都十分淡然"，这些，在曹雪芹的笔下，都有特别清晰的呈现。

在选秀没有结束之前，宝钗对宝玉绝对没有什么情爱的想法，对黛玉当然也就没觉得是心刺。选秀是她的第一理想，正是这样一个至高无上的人生目标，让她变成了那样一个情趣全无的女孩。她在众人眼里几乎挑不出一点毛病，可其实也正是这一点，让她成了一个特别可怕的人。明末清初文学家张岱说："人无癖不可与交，以其无深情也；人无疵不可与交，以其无真气也。"曹雪芹的写作方法非常令人敬佩，他在大赞了宝钗的柔美之后，还是写透了宝钗的弱，还有心机。

宝钗的每一步人生，计划性都非常强。选秀失败之后，越到后来，宝钗的心思就越让人难猜了。特别是宝玉挨打那一回，还有黛玉曾经说过的宝钗为宝玉"赶蝇子"那一回，分明是有一个独特的心思的。

宝钗是否有取而代之的想法，我们暂且不论，可王夫人和薛姨妈是一定有这样的想法的。王夫人对黛玉的不认同，是有目共睹的，从黛玉进贾府就让她离宝玉远一点，一直到把晴雯撵出大观园说的那番话中"眉眼有点像林妹妹的"，都说明王夫人不喜欢林黛玉。而薛宝钗的为人，正是处处维护王夫人，说话往王夫人心坎说，做事往王夫人肺腑里做。加之又有那样的亲情关系，王夫人的首选，必定是宝钗而非黛玉。王夫人和薛姨妈本是亲姐妹，两人没事时到一处"长篇大套"地唠家常，焉能不把儿女的事说一说？因此，薛姨妈自也是有嫁宝钗给宝玉的心思的。

可对这两个人的心思和行动，黛玉却浑然不觉。在和宝钗尽释前嫌之后，听到薛姨妈那样的爱语抚慰，反而觉得是入了自己的心，觉得那正是一个疼自己的人，于是一定要认薛姨妈为干妈，对薛姨妈半点防范都没有。《红楼梦》中，我们很难看到薛姨妈的劣迹，她的为人处世，似乎还没有宝钗那样的圆融，人生筹划似乎也没有宝钗那样深远。可她到底是个年长之人，经历过很多事，也很会为人处世。就是作为宝钗的妈妈，她也总不会弃了自己的女儿，反而为女儿婚姻之路上的绊脚石而谋划的之理。莺儿的"金玉"之说，难保就不是薛姨妈捣的鬼。

这是黛玉在对待宝钗这样一个情敌时的无心、无虑、无法、无眼。除了宝玉，黛玉的眼里，再看不到别处。

除了宝钗，其实黛玉还有一个情敌，那就是袭人。袭人不但在宝玉初识人事时，与他行了夫妻之事，她还是让宝黛最后分离的一个至关重要的角色。袭人的性格也是极为温良敦善的，这是没有什么说的。但在生存、生活面前，多么和气贤淑的人，一遇到自己的利益，也会生出排除异己的心。袭人在王夫人面前几次进言，不但让王夫人下手除掉了晴雯，还对黛玉更加厌恶，即使袭人有一万个非出自本心的说辞，对黛玉的伤害，也实在难辞其咎。而且，在大观园姐妹们一起讨论谁在哪个月过生日时，探春说二月里没有人过生日，袭人说"怎么没有，林姑娘就是二月的生日"，说到这里，又补充了一句"就只不是咱们家的人"。这句话听了很有点让人心寒的意味。

对宝钗，黛玉因笃定爱情而选择宽而待之，对袭人，黛玉却自始至终都没有一点警觉，也丝毫没有半点厌恶。在袭人和宝玉闹别扭的时候，黛玉还赶着和袭人开玩笑，叫"嫂子"，在王夫人内定袭人为姨娘而加薪时，黛玉和湘云还赶去为袭人道喜。这种种迹象都表明，黛玉不但喜欢袭人，还认同她做宝玉房里的姨娘。

我是喜欢黛玉的美丽和纯真的，可是看着那样几个很有想法的人筹划（不敢用特别重的词汇，毕竟宝钗和袭人都有让人敬重的地方），还是会特别着急，即使看着故事，也有要飞进书里，为黛玉说个是非分明的冲动。

我当然不喜欢人的心机太深，总想玩弄人于股掌之上。可我也不希望自己做黛玉，在面对情敌时，只会使点小性儿，连一点点筹谋和防范都没有，最后终于堕入别人的阴谋而永不得翻身。

爱情，是一个时转时新的事物，情敌，又是一个不可预测的存在。爱了，就要给予爱人信任。

爱情不是行为艺术

不知何时，行为艺术已经成为街头巷尾常见的了。不管行为者怎样极端地表达着艺术，我们这些俗人，也是见怪不怪的了，只是能够理解的，到底还是不多。很多小资，因为过于看重文艺，就连生活，也追求一种超凡的浪漫感，于是，我们常见那些爱情上的行为艺术。

甚至有人说，爱情，本身就是一种行为艺术。你看得见的，是喜形于色的表情，是激动难言的身形，你看不见的，是一种琢磨不定的意义、价值。

刘心武老师曾经说过，林黛玉是超越于现行西方行为艺术的一个先行者。她的葬花吟，就是一种行为艺术。如此说，倒也不错，黛玉性格上的最大特点，就是诗意。所以，作为一个艺术形象，你会从中感受到难以言说的美。就连她在宝玉面前的那些小性儿，甚至于尖酸刻薄，都有可爱的意味。可老师又说，黛玉肯定会选择诗意的死亡。老师推断说，黛玉是沉湖而死，自此仙去。在听书的时候，我极为认同，可过后想想，还是感觉特别难过。

我之所以难过，是因为我一个也同样听过老师讲学的朋友这样说：我也想像黛玉一样爱，像黛玉一样死。这是一个未谙人世的文学青年，她崇拜黛玉这种生得任性，死得浪漫，希望把自己也打造成一种艺术体，让爱情变成一种高于生活的存在。我竟然无言。

就是最世俗的人，也都会有个纯洁无瑕的渴望。那到底是最纯粹的美好，最不费心的浪漫，最真实的存在。在没有进入艰难的生活之前，所有的人（只能说是未成年人），都可以把人生想象成一种放马奔腾的任性，把爱情想象成一种漫天飞花的香氛，把生死想象成一种自由自在的过门。

可生活是立体的，人性常常是错落有致的。追求结果的爱情，常常要在两个人的互动中修炼得道，这就意味着，你的任性，会立刻遭遇另一个人的任性。你自认为的最美的行为艺术，可能和另一个人认为的最美的行为艺术正好发生激烈的冲突。艺术，从来都是真空的。而浪漫，则似乎更贴近世俗。而且，真正的浪漫，都是过心的，那是一刹那的心与心的碰撞，感与感的交流。可你若总是执着于自己的那种艺术性，执着于超于世俗的美好，那么，你是付不起你的心的。不是每个人，上天都给她安排了一个如宝玉那样可以让黛玉随心所欲的人。你若没有一个物质充裕的环境，没有警幻仙子特意安排的缘分，你就先别急着把爱情看成一种行为艺术。

行为艺术，首先是一场表演。我倒不是说黛玉爱宝玉是一种表演，我是说，黛玉爱宝玉，这到底是戏文上的表演。黛玉为宝玉生，为宝玉死，都是一个虚化了的设定，是一个升华了的真空。

生活，就是赤裸裸的生活。生活，才是最大的艺术，因为它包容各种阴的阳的、长的短的、美的丑的。加缪的《局外人》，也有一个艺术形象默尔索。这个人物，放进生活里，那就会被人们形容成没心没肺，无忧无虑，在作品里，却表达了一种超越世俗的生存。

我一直认为，生活就是俗人的艺术。没有吟诗诵曲，未必不会诗意生活。诚如庄周梦蝶，焉知非蝶梦庄周？千万不要把自己定位为诗意、小资，徒劳地给自己划定生活之牢，徒然为自己增添爱情之苦。

你不同意，大可以把我当成俗人。我是俗人，我活着属于我自己认为的诗意。我的诗意，是在世俗中的自由，是在自由中的孤独。我懂我自己，我不能去强求别人来懂我自己，我也不想让别人强迫我去懂别人。

如果我爱，我会真心付出，我会热情澎湃，我会学点世俗的心机，要么用暖胃的小菜来哄他开心，要么就是用旁观者的眼神，去看看我自己的爱，以及我正在爱着的人。如果我爱错了，那么我会慢慢说服自己。我会等待我的感情跟上我的思想，我大概也会任由自己的情绪爆发，我甚至可能也会大骂几句粗话。可我终究会重新潜入世俗，重新体会一个人的孤独，重新在人群中回眸驻足。

人生真的是一个大课题，每一刻，都值得我们思索，并为思索付出。成长，从来就不是达到某个世俗的成功巅峰；成长，带有多侧面、多角度的内涵。就像山穷水尽，然后柳暗花明。

我很喜欢黛玉的清高孤傲，可我不是黛玉，我是俗人，我做不到她那样的诗情画意。我懂的诗，只是一些土诗，类似于"水往前流，一直往前流，流到没有尽头"这样的打油诗，我一直坐在时间的车轮上，尽管我会被坎坷颠落，可时间总是拽着我，一直走，走到永久，那里，才是真正的开始。

这是一个浮华的时代，却也可以是一个极有情调的世界。做小资的，都喜欢把自己的恋爱谈成一段可歌可泣的史诗。这也无可厚非，我在尚未谙情之前，也曾经如此憧憬。大概年岁已长，我总觉得，爱情，有时候，更像是一种人性的新式衡量。走在爱情线上的两个人，越是互相靠拢，就越是要互相散发对立的气雾，这气雾常常给人一种挤压感，但你若不只清高任性地捕捉那种浪漫，这气雾，反而会成为一种灵魂的清洗。爱情，即使你真把它当成是行为艺术，你也必须要有一个外散而又内定的灵魂。

不记得是哪位大家说的，爱情，最终会飞入平常百姓家。爱的起点不管多高，只有两个人都能够放弃那种完全追求浪漫的感觉，放弃那种不顾所以的任性的做派，才能人长久，爱长存。

简单的喜欢，平凡的陪伴

黛玉和宝玉，一个是阆苑仙葩，一个是美玉无瑕，本来就是三生有幸，又是缘定还情，为什么偏偏一见钟情后，却是一波三折地互相折磨，最后再无情地各奔东西，难道这就是所谓的色即是空、空即是色吗？

曹雪芹的意思，烈火油烹、鲜花着锦的日子，永远只是一时，终久的世界，是一切都为虚化。这未免太悲观，而且即使早就知道这样的结局，他还是处心积虑地安排了黛玉、宝玉的三生之缘。一笔一画勾勒下来，绛珠仙子苦了心，伤了肺，神瑛侍者也断了肠，毁了肝，这且不说，就是曹雪芹自己，几乎也是泪尽而逝。

我们终究是看不开，大约我们都要体会个爱情的长短，才能重回那个冥冥中的世界。说宿命到底浅薄些，说任务又过于沉重。爱情，其实就是春风化雨，即使百花一年又一年都不过是落得个化为春泥，可世界到底还是一而再、再而三地循环下去。

我们出不得世，那我们就在入世中寻找一种出世的淡然。我们离不开爱情，爱的时候，我们也必然会如百花绽放，纵情灿烂自己的人生。但我觉得也要懂得个进退，知道个虚无。如果能做到简单的喜欢、平凡的陪伴，那才是最好。

所谓简单的喜欢，是不要带任何附加条件。我前面说过，爱，永远是你自己的事，爱，永远是能够温暖你内心的一种情，与别人无关，所以，最好不要用爱去衡量世俗，也不要用爱来要挟爱人。

但简单的喜欢，不意味着淡漠地对待。名正言顺的爱情，还有法理天理都正的婚姻，都不能保证爱的长久性。对方是否撒手，你且不去管他，但你若先不爱了，那你首先就输了你的爱情。

有些女孩子，结了婚，就把丈夫当成自己家的长工，讲究个"随叫随到"，却绝不允许他为他的爸妈做一点事，那叫"私活"。这样的喜欢，绝不简单，她是有利可图，有数不胜数的附加条件。我是愚钝之人，这样的爱情，实在看不懂。

当代人行为上特有激情，内心处，常常却是无情。有一些人，标榜自己的爱，就是一见钟情。我大概有些偏激，总觉得一见钟情已经不适合这个浮躁的年代，也不是没有，不过，当今的所谓一见钟情，大多不过是一种寻求刺激性浪漫的借口，很难出现那种使感情恒久的一种缘定似的心动。那些口里说着"这就是我一生的唯一"的，因为内心常常无情，大概很快就倒戈相向，甚至捉对厮杀了。

有很多人，吃着碗里的，瞧着锅里的，就是因为觉得爱情是一种挑选，没有最好，只有更好，所以，在爱情中，才会左顾右盼。这种爱情手段，表面未必平淡，但心里，一定是漠然。他们从一开始，就没有开始，所以，转身的时候，也无须告别。他们自始至终付出的只是行为，而不是内心。当所有人都用行为来衡量爱情时，内心就已经成了一个虚设。这才是人类的可悲之处，这才是爱情的悲凉。

至于平凡的陪伴，就是让爱情要经历柴米油盐。世界不是没有奇缘，只是大约能赶上的到底不多。我们这些被世俗蒙蔽双眼的人，在爱情面前，就会变得特别迷茫。特别是，当今的世界，爱上不容易，转身却极易，因此，越是陷入真爱的人，反而越是惊疑不定。

既然这是个浮躁的世界，我们总得把自己的爱，放进一个更大的空间，放进更长远的时间中。我们要学会慢慢铺平自己的浓情，轻轻展开自己的蜜意，等待最后的笃定。我们不能如爱情圣手一样，四处滥情，可我们也不必像黛玉这样，太过折磨自己。

研究《红楼梦》的人，大多都认为，宝玉和黛玉是没法进入婚姻的，黛玉的人品性格，只适合谈恋爱。倒是宝钗，筹谋规划，才更适合过生活，因此，宝玉的婚姻之宝，只能是宝钗。若再加上小妾的话，那还有个袭人。

黛玉对宝玉的喜欢，虽然不是占有式的，她到底对袭人网开一面，可她对待宝玉，却显然是极为任性的。"羞笼红麝串"一回，宝玉稍微多看了宝钗一眼，黛玉就嘲讽了宝玉一回；"清虚观打醮"一回，宝玉为史湘云拿回一个金麒麟，黛玉也为此与宝玉闹了个不愉快。

古本《红楼梦》里，给宝玉的总结词有一个"情不情"，就是对没有生命感情的，宝玉也极富感情。而黛玉的总结词却是"情情"，意思是，黛玉只对自己爱的人付出感情。当代的男人，大概都有那么几分"情不情"的胆色，却鲜有宝玉"情不情"的温暖和仁爱。这且不论，我们只说黛玉的"情情"。在戏剧样本里，"情情"可以解释为专一、纯粹。可在生活中，"情情"常常最是无情。

有的"情情"者，眼里揉不得沙子不说，就连风吹水洗的自然之理都接受不了。找到爱人后，就连根把爱人从他的家庭里拔掉，兄弟姐妹一概没有，父母长辈全都不行。谁靠近了，杀无赦。

我不知道这样的"情情"到底能情到多久。你可以不必受"嫁一个人就是嫁一个家族"这样的世俗之理限制，可到底你还是该给他留个后情才好。否则，早晚有一天他无法在你身边呼吸。

诚然，爱人是我们自身相通的一个生命体，可不管你多么想潜入他的内心，想要修改他的基因密码，想要嵌入他的骨髓，限制他的思维，他到底是不同于你的存在。修改他，等于推翻你自己的爱；重建他，等于是在高楼上盖高楼，其危险性，不用我说，你必然很懂。

女人都是小心眼儿的动物，这实在无可厚非，可说到底，我们为难的，大概只能是我们自己。与其如此，倒不如看得开、放得下。不要"情不情"，也不必"情情"。不管世事变幻，我们只稳住自己的心就好。

第三章

阳光普照，去靠近给你正能量的人

江湖，从来就是风雨云雷，世界，却从不缺少阳光普照。一个人的孤独，适合发酵自由；一个人的孤僻，却不适宜在大千世界里成长。要不为那风雨云雷所扰，我们有必要走出自己的世界，寻它一个阳光洒满手心的空间。

古人常说，读万卷书，行万里路。我们现代人还要加一个，阅无数人。荆棘丛生的世界，也还有一个绿意，让你体会生命的坚忍。小人常在的场合，未必不会有人给你传递正能量，让你增加自身的强悍。如果你还脆弱，那么就让自己东奔西走，给自己机会靠近那些能够给你正能量的人。

你最看不惯的人，可能就是你的生命指引者

　　人生最大的艰难，在于人生不可预测。人生最大的快乐，也在于人生之不可预测。就像捉迷藏一样，忐忑着伸出去的手，谁都不知道会碰上什么。我们生而愚钝，活而迷茫，只有且行且获知。

　　我们学尽了为人处世之道，也未必就练就了火眼金睛，一眼就看出人的好坏，一想就能想出个因果来。我们太受自身的环境和心绪所累，我们喜欢的，就觉得是万分美好，我们不喜欢的，就觉得是十分可恶。一旦内心将之定位为可恶，那么眼睛里曾经看到的那些美好，也就在脑海里被抹杀了。

　　黛玉起初最看不惯的人，就是宝钗。宝钗为人温柔典雅、低调宽怀。不但贾府的主子们都与之相交甚好，就是那些小丫头们，也都愿意找宝钗去玩。本来是黛玉的一枝独秀，如今，却忽然有人来平分秋色，这已经是打破平静的了，可偏偏这秋色分得又不均匀，人们几乎是立刻一边倒，是东风压倒西风，黛玉简直就撑不开局面了。黛玉到底是没有心计的小孩子，她自然郁闷不已，愤恨不平。加之后来渐知人事，对宝钗的敌视，就更上一层。

　　谁知黛玉每每刻薄相见，宝钗却一直是宽以待人。到宝钗为《西厢记》等禁书"审问"黛玉的时候，黛玉豁然发现，宝钗对她一直是真诚的，她既没有把黛玉读禁书这样的事作为把柄要挟黛玉，或者以此为证据陷害黛玉，还把自己也曾经读过这些书的事，告诉了黛玉。黛玉那颗仇视的心，立刻就化了，这才有了"金兰契互剖金兰语"。

有人说，宝钗的心机太深，此举不是邀买人心，就是害怕黛玉做出不好之事，那她和宝玉之间就连一点机会都没有了。这里暂且不讨论心机的问题，对黛玉来说，宝钗始终是有可能要和她争夺半壁江山的人。但实事求是地说，宝钗此举，的确让黛玉立刻警觉、反省。这就够了。

只是，黛玉是一个真挚而又执着的人，她是认同了宝钗这个人，却没有认同宝钗的理。后来，但凡是宝钗说的话，她几乎就信以为真，从来不去怀疑。

生活中，我们大多数人都会如此，只认同人，很少去认同理。凡是我们喜欢的人，他说的话就差不多都是对的。凡是我们讨厌的人，他说的就是狗屁不通的。实际上，越是我们看不惯的人，他越是可能说出了对我们的人生至关重要的指引之音。

小时候，我妈给我讲过这样的故事：

有个会看相的老先生，总觉得自己的儿子容貌中有缺陷，是要遇大灾的命运。他闷闷不乐，偶然一天，他发现一个被丢弃在垃圾堆里的小女孩天生带着一种吉瑞之象，可以破儿子的灾。于是这老先生就把这小女孩收为童养媳。老先生的儿子不喜欢这个女孩子，还经常打她。老先生告诫儿子说，这是你生命里的护身符，你不可随便对待她。老先生的儿子半信半疑，行为上有所收敛，可不看她怎样都好，一看她，他就整个人都不好了。

到圆房的时候，老先生的儿子看着花团锦簇、收拾得干干净净的小女子，多少也有点欢喜之色。可一揭盖头，他吓得大叫一声，转身就跑。原来在他的眼里，小女孩的脸变成了一张鬼脸。

老先生长叹一声，毫无办法，只好让这小女子走了。这小女子开始流浪，进了一座破庙，在那里结识了一位书生，两人一见钟情，小女子就以身相许。不久，这书生应考，中了状元。而与此同时，这老先生家却遭遇了一场巨变，家破人亡，老先生死了，老先生的儿子自此流浪街头。

这当然是一个极为世俗的故事，而且还带着强烈的因果报应。老人们常把命运说成是一种难以把握的福气的问题。我们且不去论福气，也不谈因果，只说境界。老先生的儿子，首先是不能容人之人，没有容人之智，没有高瞻远瞩之能。其实越是我们看不惯的人，他的身上一定存在着我们所不能打开的自我狭隘的密码。

为什么要这么说呢？因为凡是我们看不惯的，不是彼此之间有矛盾的，就是观点和视觉都完全不同的，要么就是可以完全不在乎我们的感受而可以直接指出我们的缺点的。可我们被自我的情绪所控制，根本连听都懒得听，以至于我们听不到那些至关重要的箴言，根本无动于衷。

孔子就说过"三人行，必有我师焉"，我们背得朗朗上口，可却难以做到，就是因为我们有这样的局限。其实想想，很多种聪明才智，都是建立在冷静甚至冷酷的基础上的。看那些帝王将相们，若是没有那种杀伐决断的冷静以及冷酷，也就没有那样的功勋传世了。人终归是感情的动物，不是所有人都能够做到冷酷，冷酷也实在不是一件多好的事情，可我们至少可以学会冷静。

在和人的交往中，尤其是在对待我们看不惯的人，我们得能够做到冷静，冷静地倾听，冷静地思考，冷静地学习。你不待见的人，就能成为你生命中的贵人，那么还有什么是你逾越不了的呢？

诸葛亮《出师表》有一句话这样说："亲贤臣，远小人，此先汉之所以兴隆也。"治国如此，为人处世也是这样，你得结交那贤德之人，远离龌龊卑鄙的小人。用世俗人的世俗话说就是，身边永远有贵人没有小人，那么就可以远离祸端，前程远大。

但问题是，很多时候，分清谁贤德、谁龌龊并非易事。在人人冷漠的江湖，不经历一种近乎劫难似的人生，你就难以看清人的真面目。当大家都是泛泛之交，也就无所谓贤德和卑鄙了。

而且，不是所有的人都可以简单地划定为贤德，或者卑鄙。人性之恶常常让最善良的人，也可能做出最让人心痛的事情来。江湖上传说的"朋友才是最可怕的人"，大概就是因为过于信任朋友，而难以对朋友所说之话、所做之事做出正常的分析，才导致遭遇朋友的背叛。就如黛玉对袭人，曹雪芹和脂砚斋对袭人的评价都是"贤"，可这个"贤"的修成，也是有代价的，不经意间，黛玉就成了袭人这个"贤"的牺牲品。这无所谓对，无所谓错，都不过是自身的境界，自身的选择。怪只能怪黛玉想不到。

所以，认真看待每一个人，才显得比较重要。当我们多认真倾听，多认真思考，我们的辨识能力，才会真的有所提高。而且，当我们的心胸能够容纳更多的人和事，那么我们的境界才可以做到开合自如。

远离负能量之人，但不要漠视之

前一段时间，看到微博、微信上人们争相传递这样一则帖子，叫"远离'垃圾人'"，说同是生活在阳光普照的世界，可有的人就是带着愤怒、嫉妒、仇恨、哀怨等垃圾情绪，这样的人你根本惹不起，因为他们本身是没有好好生活的目标，他们的行为常常是在破坏世界中的自毁。

这个帖子还讲了一个故事，一对青年男女在饭馆吃饭，姑娘遭遇流氓吹口哨，小伙子想息事宁人，姑娘却大骂他不是男人，同时冲出去对流氓破口大骂。结果，一群流氓围上来，小伙子过去解救姑娘，被一个流氓捅了三刀，一命呜呼。临死前，小伙子问姑娘：我这回算是男人了吗？

故事简单，却意义深远。远离"垃圾人"的观点，我也非常赞同。这世界，就是有很多垃圾人。一些垃圾人，也不管他接受过多高的教育，也不管他受过上天多少的恩惠，他只看到了自己缺少的，只看到了别人美好的，于是平生愤怒，自惹是非，没理由时还想伸拳头呢，有借口后就更是会大打出手。这样的人，你是没有道理可和他讲的。也有一些垃圾人，从出生之后就开始遭受各种困苦，以至完全看不到生命的希望，产生了各种负面的情绪，积累沉淀，终成"垃圾人"。

就如《红楼梦》中的赵姨娘。整部《红楼梦》中，她几乎没有传达一点正面的信息，这个人为人言行举止粗俗无礼不说，心思还格外阴损狠毒。别说大观园大小主子们，就是在贾府下人队伍里，也是一个不让人待见的人。至于她的亲生女儿探春，对她的看法就更多。

这绝对是一个充满负能量的人，听听她对贾环说的话："谁叫你上高台盘了？下流没脸的东西……"再听她对探春说的话："这屋里的人，都踩下我的头还就罢了……""如今没有长翅毛就忘了根本，只'拣高枝飞去了'。"字里行间都是怨恨，都是嫉妒，都是挑拨，都是斥责。

她的狠毒和阴损就不用说了。想必读过《红楼梦》的人都不会忘记，和马道婆设计陷害凤姐和宝玉就是最经典的一回。她不但有仇恨的心理，且有狠毒的手段。

就是平时生活，赵姨娘也几乎处处惹闲气，和几个小戏子打作一团、撕头扯脸，为银钱和自己的女儿说长道短也是她。平时和贾环说话，更是处处调唆，让贾环去惹事。贾环惹的事也的确不少，可被教训的次数也很多。到底是小孩子，贾环十分胆小，再遇赵姨娘调唆，不由得要回她一句"要去你去"。而赵姨娘果然也就主动上阵，亲自惹事去了。

赵姨娘之所以负能量如此之多，大概与她的身份地位和境遇遭遇不无关系。她是贾政的妾，看《红楼梦》，贾政大约是很喜欢她的，否则也不会常让她伺候安寝。加之她自己又有儿有女，这就使得她很自然地有了夺权的妄想。可偏偏她又没有夺权的造化、能力和品质。她自己是个妾不说，她的对手还是根基富贵都超过她的王夫人，王夫人还有个能杀伐决断的王熙凤。要得而不可得，不可得却还有空造作，这就使得赵姨娘始终不能甘心，又急于求成，于是即使上不得大台面，她伸头缩脚间，也一定要搅搅乱才能过瘾。

宝玉是赵姨娘的眼中钉，而黛玉又是宝玉的心上人，赵姨娘自然不会喜欢黛玉。宝钗送赵姨娘礼物之后，赵姨娘有个心理描写是这样的，要是林姑娘，是连看都不看我们一回的。林黛玉的确目中无人，因心中只有一个宝玉，就连姑娘小姐们也是常有得罪之处的，对赵姨娘，肯定不会上心。

但黛玉对赵姨娘，也止于没有交往，礼数还是有的。在"俏平儿情掩虾须镯、勇晴雯病补雀金裘"一回，姐妹们散去后，宝玉和黛玉正欲说些心里话，可巧赵姨娘来了。因素日两人毫无来往，黛玉便知他是从探春处来，从门前过，顺路的人情。尽管如此，黛玉还是"忙赔笑让坐，说：'难得姨娘想着，怪冷的，亲自走来。'又忙命倒茶，一面又使眼色与宝玉。宝玉会意，便走了出来。"赵姨娘说黛玉连看她都不看一眼，未免有些太过。黛玉不会真的如王熙凤那样把对赵姨娘的厌恶摆在脸上，说出来。

赵姨娘之所以认为黛玉"连看也不看一眼"，大概就是"垃圾人"的那种嫉妒仇恨过于严重。心内满满负能量的人，他的思维方式本身就是负面的。当嫉妒、仇恨过于严重时，人的眼里看到的都是刺心之事之物，那些美好而温和的东西，入不了心，自然也就走了眼。黛玉对赵姨娘的温和尊礼，赵姨娘自然不会看在眼里了。

很多红学专家和"红迷"认为，后四十回中，赵姨娘最后肯定会找机会向黛玉下毒手，因为黛玉离不得药，而配药恰好是赵姨娘可以掌握得了的、又是可以置黛玉于死地的一个良机。我们且不去看这揣度出来的事情，但就前八十回赵姨娘的行为心理，黛玉在赵姨娘心中，已经是刺一样的人物了，非拔不可。依她的个性，即使拔不了，拔不得，也一定会找机会破坏、毁损一些，才会出心中那口恶气的。

黛玉之所以不愿和赵姨娘亲近，大概也实在不屑于赵姨娘的为人。对这个人，她也是有点警惕性的，赵姨娘来了，黛玉就给宝玉使眼色让宝玉走了，可也止于此。就是有惹不起躲得起之意。可黛玉和宝玉躲得了吗？

躲不了！宝玉，那是上上下下密密层层地被保护着，又能怎样呢？贾环当面可以用蜡油烫宝玉的脸，背后可以在贾政面前告状，赵姨娘暗地里那一招"魇魔法"更是又狠又毒。而赵姨娘在贾政面前，又不知道对宝玉添上多少坏话呢？

有意思的是，贾政说宝玉的话，虽然没有嫉妒仇恨的话，可是斥责说辞却几乎和赵姨娘不相上下。在"闹学堂"那一回，贾政听宝玉说去上学，马上冷笑着说："你如果再提'上学'两个字，连我也羞死了。依我的话，你竟顽你的去是正理。仔细站脏了我这地，靠脏了我的门！"这刻薄，竟哪里像一个正经的读书人，哪里像一个严肃的父亲，竟像极了一个碎嘴的妈妈。贾政对宝玉虽然十分重视，可却从来没有对宝玉说过一句稍微温存一点的话，未必就不是赵姨娘调唆的结果。在宝玉遭受赵姨娘的"魇魔法"之苦，赵姨娘居然大模大样、恬不知耻地上前跟贾母说凤姐和宝玉是不中用了时，贾母骂道："烂了舌头的混账老婆……都是你们素日调唆着，逼他念书写字……"从这里也可以看出来，贾政对宝玉的严苛，在贾母那里，也大多都是赵姨娘调唆的结果。贾母那样精明老辣的人，看人没有不准的。

宝玉尚且如此，黛玉肯定是免不了的了。面对这样负能量满满的人，远离不可能，躲避也不行时，就不能完全漠视了。那该怎么办呢？像王熙凤一样，打上门去，利剑一样的言语射上来，让她隔着帘子听，大气也不敢出吗？显然这不是上策。饶凤姐再怎么威严，却管得明管不了暗。而赵姨娘恰恰又是使惯了暗箭的纯小人。所以，这一招显然不行。

那么就只能学宝钗了。宝钗只送了赵姨娘一些小礼物，就惹得赵姨娘感恩戴德的。礼物尚在其次，这种重视才是赵姨娘最稀罕的。所有的垃圾人，再有多复杂的情绪，都可以概括为两个字：不平。不拘什么方法，你若能抚平了他的心，那么他的负面情绪自然慢慢也就散去了。

再说下去，赵姨娘其实也是生活在险恶的环境下的，不管贾政多么喜欢她，王夫人的地位是不可摇撼的。看王夫人和王熙凤的做派，是把赵姨娘完全踏在脚底，根本就不容许她翻身的。想那王夫人平时最喜欢行善积德，可对赵姨娘，却每每张口就骂。固然赵姨娘是个垃圾人，是个该骂之人，可不是所有的该骂之人，都可以一骂了之。而一直受王夫人和贾母教育长大的探春，在赵姨娘跑来找气时，张口闭口只说赵姨娘是奴才的话，这必然又平添了赵姨娘一份不平和愤恨。

"平儿行权"那一回，把茯苓霜和玫瑰露事件解决后告诉凤姐，凤姐又要逞强，说要严办厨房的柳家媳妇。平儿劝解她，不要过于逞强施威，"见一半不见一半"，才是为自己打算。作为一个下人，平儿的话说得很柔很平，那更深层的意思，是别得罪那么多人，你不知道什么时候会毁在这些人手里呢。这该是对付赵姨娘的方法之一，当然不能让她占了上风，可也绝不要不给人家活路。

总之，真若在生活中遇见了如赵姨娘这样负能量满满的人，我们还要将他区别对待才好，你若能远离，就一定要彻底远离。不沾边，没瓜葛，没有利益纠纷，没有矛盾冲突。可如果你躲不了，就不能漠视，要做到不惹事，但必要的时候，也不能怕事。恩威并重，总还可以保全一时之安。

在荒凉的人生中，寻那活得最有生机之人

苏轼有一首词《满庭芳》，这样写：蜗角虚名，蝇头微利，算来着甚干忙。事皆前定，谁弱又谁强……的确，世俗再怎么绚烂都是虚幻，因缘再怎么造就良缘，终是无缘。因此，东坡居士一生常有出世之想，可他一直在官场中沉浮，得意时如此，失意时也没有退隐。这倒并不是说他始终迷误，相反，在入世的迷乱中，东坡居士始终保持着一种出世的清醒和淡然。我们从他那种高人一境的诗词中，也总是能找到那种积极上进而又豁达飘逸的精神指导。

在我的人生中，活得最艰难的时候，我也常常有隐遁空门的想法，甚至还有悬带林中的萎靡，可见识到了各种人情冷暖，倒也觉得是个人生之趣。

看《红楼梦》，看的是空灵，还有世俗。曹雪芹本来想要讲透的是人生终究是一场虚幻的清净，可大多数人看到的、研究着的，却都是世俗忙人中的那种混乱的短长。我更是如此，就连小丫鬟之间尖酸刻薄地互掐，或促狭狡猾似的玩笑，我也看得十分着迷。

就说宝玉房内的小丫头小红，就有很多世俗的戏份儿。这个人物设定虽是个小丫头的形象，可为人处世，却颇有见识，能说出"千里搭凉棚，没有不散的宴席"这样的话来，而且，思谋筹划，蓄势待发，很有点沉雷欲上九霄的气势。若把她放进职场励志的情景剧中，那绝对"非池中之物"，她既思想上进，又能筹谋计划，还能抓住时机，付诸行动。

在"杨妃扑蝶"一回，宝钗因偷听了她和坠儿的谈话，对她曾有个评价"眼空心大，是个头等刁钻古怪的东西"。宝钗的评论自有她的出发点，其中的善恶世俗未必就真的符合小红的品性本质。但这句评论却说明一个问题，那就是：宝钗居然注意到了小红这样一个人物。要知道，就在不久之前，小红趁宝玉身边的大丫鬟们都不在的机会，给宝玉倒茶献殷勤的时候，宝玉居然不知道她就是自己身边的丫鬟。而宝钗却能听声音就知道这是谁。这说明什么呢？第一，当然是宝钗为人精细，待人随和，和小丫鬟们也能玩到一起，还能了解每个小人物的性格品质。第二，小红的表现一定不俗，或者说突出，否则不会让宝钗有这样深入的评价。

小红也的确是那"眼空心大"的人物。在宝玉房中的时候，她就一心想着钻营，能得到宝玉的赏识，无奈晴雯、麝月、秋纹、碧痕等大丫头们一个个都张牙舞爪的，没得她施展的空间。及至后来的"遗帕惹相思"以及遇到了凤姐，终于攀了高枝，都是一步步紧锣密鼓地筹划，刻不容缓地行动。那种钻营，那种攀附，笔笔写尽，句句描完。

对小红这个人物，大多数人可能没有什么好感。我一开始读，也总以为她过于钻营。可想想又觉得奇怪，为什么这样一个善于钻营、喜欢攀附的人，却偏偏一出场只叫"林红玉"，和林黛玉只一字之差。曹雪芹在为人物取名字的时候，颇费心思，名字不是暗含命运，就是对文章架构铺陈、人物之间的关系设定有着千丝万缕的联系。难道"林红玉"之名，也并非偶然之笔？

可若按照红学专家们说的"晴为黛影"的套路，说林红玉又是黛玉的一个影子，似乎也不妥。林红玉和林黛玉的性格相差十万八千里，而两人之间似乎也没有交流的可能。大约黛玉那样目中无人的，也如宝玉一样，不认得这样一个小丫鬟。而小红对黛玉的评价也不怎么平和。宝钗用了一个"金蝉脱壳"的招数，喊着"颦儿，我看你往哪里藏"时，假意和黛玉玩捉迷藏，她是把偷听的事抹了个了无痕迹，却惹得小红对黛玉的猜忌。小红认为，黛玉刻薄，心又细，倘或走漏了风声，又怎么样呢？小红倒并不觉得黛玉有什么不好，只是害怕走漏风声。黛玉的刻薄是众所公认的，宝玉在替彩云瞒赃那一回之后，黛玉在姐妹们一处说话时，就刻薄了宝玉一句，结果不小心就影射了彩云，让彩云很是没意思。可见小红之虑，是有道理的。

如此再回头分析小红这个人物，就觉得这个小丫鬟实在不一般。她的所想所虑，极为超前，而又十分正确，而她的所言所行，又极为爽利，才能也非同一般。否则，以王熙凤那样聪明利落的人，不会对她那样赏识，甚至马上就要认她为干女儿。

从小红一出场，曹雪芹就给她设定了处处营谋的行动，引着人们把她往世俗堆里归拢。有意思的是，曹雪芹偏偏又给她设定了一个林之孝那样在贾府奴才中有至高职权的父母。红学专家们对此研究说，林之孝家这样的父母家庭，是曹雪芹后来才为小红设定的，一开始也许并不如此。

我是个不懂历史的俗人，我总认为这样的设定，却恰恰正是好的。为什么？有着那样的父母，小红在那样压抑的时候，却从未提及。不但晴雯等对林之孝家十分恭敬的人不知道，就连凤姐这样和林之孝家的常常论事的，也不知道。小红从来不拿自己的父母压人，只凭着自己的办事能力，来寻得伯乐的赏识，来制约那群刻薄之辈。遇到宝玉，未必是伯乐，可遇到凤姐，却一定是她小红的伯乐。小红的见识，由此可见一斑。

再回头想小红这个人物，却一点也不俗气，在东篱下时，她能安然采菊，忍气吞声，一旦世俗有好风，她又绝不放过展示自己才能的机会。展示完之后，还能安然回到自己的本职，又重新做回安静的自己。静静等待花开，慢慢让冬雪融化。

据红学家研究，小红在"狱神庙"一回现身探主，也是一个极为重要的角色。此一节又说明她并非那眼高手低、见利忘义的小人。

这样一个人物，正是活得最有生机的。与黛玉、宝钗等极品人物相比，小红，非仙非鬼，非魔非道，她只把自己设定为最世俗的小人物，安于世俗，即使心远志高，也是踏踏实实，步步为营。

林红玉，正是林黛玉的反衬。黛为远山黛，出世超然；红为世俗红，大气入世。假如黛玉有了红玉这样的丫鬟，她到最后未必就那样仓皇间凄惨地死去。

我们比不得黛玉，有个仙子的身份，还有仙府回归的终结。我们都是俗人，即使有出世归隐的心，也一定要先懂得入世的俗。脱得了俗，没本事时尽可以去做，若又能脱俗，又能入世，才是不俗。如此说，黛玉，到底犯着一个俗。

没有万千宠爱的福分，
也可以在人来人往中坚强

在贾府中生活的黛玉，生命底气，都是贾母给的。正是有了贾母的宠爱，黛玉才有了滋润的生活，才有了上下人等对她的尊重。若没有贾母这个依靠，以她那样多愁多疑的性格，多病多灾的身体，估计早就要落得个晴雯的下场了。可话说回来，贾府中那么多人，不是所有人都能得贾母之宠，难道别人就都不活了吗？

人生，到底还是要靠自己。有哪一个人，是可以终生做得自己依靠的呢？别说贾母风烛残年之人，就是父母姐妹兄弟，再者举案齐眉的夫妻，又有哪个是完全的依靠呢？若从一开始就惯出一个娇贵的底子，凡事都想要依靠别人的手去做，仰仗别人的思虑去活，终究会在细水长流的日子中，迎面遇上孤独的自己。

贾母的万千宠爱，对黛玉，只能是祸害。要是早早为黛玉和宝玉定了婚事，让黛玉终有个归处，倒也罢了，偏偏又是那样的结局。如此说，贾母从向黛玉伸出手那一刻，就已经错了。拉她进了富贵所，却又不能给她完全的富贵根，这不是害她又是什么呢？

倘若黛玉从一开始就跟着父亲，一则她不会因为寄人篱下生出那么多的愁闷感慨，二则她在那样孤独的处境中，必然会跟着父亲学会理家之道。纵然父亲人老归西，黛玉总还可以有独自活下去的力量。

再说晴雯，她也是受贾母恩宠的一个人，尤其受宝玉的钟爱。倘若没有这两个人，任她怎样的一个爆炭似的脾气，也是不敢在人前随意造次的。看林之孝家的在教训宝玉时，晴雯也是温柔和顺的样子，哪里敢趾高气扬？又哪里会掐尖要强呢？

作为黛玉的影子，晴雯的生活情境和最终结局，和黛玉如出一辙。都是在万千宠爱中遭人诟病，到头来所谓宠爱，所谓衷情，不过是一场空，不过是一个陷阱。

看贾府那些下人们，就是大观园里的丫鬟们，哪个不是活在兴头儿上。偏偏衣食无忧的黛玉，活得忧心忡忡。这难道还不能说明问题吗？

在某种程度上，没有被人宠爱的福分，反而是一种福分。当我们没有依靠，我们就必须要靠自己，当我们没有宠溺自己的人，我们就必须要学会暖得了自己那颗受冻的心。生活，若一开始就进入待人接物的磨炼，倒可以让我们在人情冷暖中，学会自我承担。

若抛开仆人，只看主子，那就从凤姐说起。凤姐是来自那有富贵根基之家的，可若没有从小就任由她像男孩子似的洒脱着活，又哪里有玩笑中的杀伐决断。又或者若从一开始只躲在贾母王夫人之后受恩宠，又哪里有在贾府里雷厉风行，又哪里有在宁府里大刀阔斧地施展她的精明强干。

当然凤姐也仗着贾母的宠爱，这又是她的错误了。因着这样一层，这样一个能说会道、处处都能周全的人，却常常不能让公公婆婆贾赦和邢夫人得意满足，虽然没有特意去违逆，可到底还是有诸多的不敬和不公。想来，即使没有大观园的败落，贾母归西之后，在公婆那里，王熙凤到底还是会有一番要受的折磨。说起来，又是依赖恩宠之过了。

不管是官场沉浮也好，还是生活起降也罢，谁都不是终究的依靠。越是那过硬的靠山，越是曾给过你得意的，终究会在山倒之后，让你更加痛苦。倒是那无依无靠的，反而因为势单力孤，处处小心谨慎，为人心平气和，能有个长久的平安。

古人说，君子之交淡如水。想来，大概也有这样一层意思。凡是交往交流不能平淡的，不是情浓，就是心乱。情浓的，大约总还需要一个热情的回馈；而那心乱的，可能就要在利益欲望中有所往还了。如此，交往，也就不再是君子之间的交往。当友谊，或者非友谊，变成了钩心斗角的枝蔓，就有了热火朝天的纠缠，而这不能截断的纠缠，终有一天会蜕变成叛乱，于是扯断了枝，毁掉了蔓，到处是伤残，简直无一幸免。

再者，没有曾经的热络如火，也就没有那冷酷可比了。人生若永远处于一种平淡的境遇中，久而适之，也就不再会滋生各种不必要的麻烦。

当然，我的本意，还不在君子之交。我想说的是，人，最能给予你正能量的，还是你自己。我们最应该靠近的，还是我们自己。永远都不要小看自己。没有外界的刺激，没有自我的开放，谁都不知道自己到底有多大的能量。我们所能看到的我们自己，都不过是在特定的生活情境中的狭隘的自己，是冰山一角的自己。

当我们在嘈杂的人群中，当我们在被准备好的环境里，这个自己，只是一个境随心转的自己，是一个沉睡的自己。只有我们遇到了冷漠的人群，遭遇了完全没有准备的环境，这个沉睡中的自己，才会猛然惊醒，才会迅速调动各处神经。唯此，所谓的灵，所说的性，才能慢慢充裕出一个完整的自我，用纵横交错的认知，来完成一个强悍的自我。

即使你有万千宠爱的福分，也不要过于沉溺。能撒开手，你才能得到更多的历练，能放开脚，你才能走得更远。

若你现在还正处于孤苦的愁闷之中，那我倒要给你道喜。倒不是我站着说话不腰疼，我自己也是从孤苦的愁闷之中走出来的，那样一种孤独的境遇，那样一种单挑的险情，反而让我原本脆弱的神经变得越来越坚强。

世界到处有黑暗，生活处处有危机，可我们到底还不是最后一场拼搏，那么还有什么畏惧的呢？最差不过是折枪断戟，这让我们有了一场实打实的经验。若还有力气，就筹备一下，准备东山再起。不是说生命不息，我们就可以奋斗不止吗？这话可不是让人勉强去奋斗，当你终于体会到那最难忍的孤苦，当你见识到更多的冷酷，再奋斗，再拼搏，有时候只是一种情趣，就像是和生活打了一场赌，输赢姑且不论，到底还留有赌一场的乐趣在。

所以，不管苦还是乐，我只和我自己说。和自己说，说得才毫无保留；和自己说，说后才能痛快淋漓；和自己说，才能找到生命中那条最准确、最适合自己的后路。

我，没有得万千宠爱的福分，我，愿意在人来人往中获得坚强。

同样的境遇，为什么他就和我不一样

范伟和赵本山的小品《卖拐》里，有这样一句话：人跟人的差距咋就这么大呢？如果，一方水土养一方人也就罢了，可为什么同一片天地，人和人之间还是差距特别大呢？

就说黛玉和史湘云吧，同样是父母双亡，湘云是"襁褓中，父母叹双亡"，而黛玉是五六岁失怙、十几岁失恃。相比湘云，黛玉多少还品过父怀母抱，有天的笼罩有地的依靠，可黛玉的悲情，却比湘云重。

在黛玉尚未来贾府时，是湘云和宝玉两小无猜。若按黛玉的寄人篱下算，湘云也算是寄人篱下了，她也是承贾母之欢，却没有黛玉那样的烦恼。

而之后，史湘云回到史家，在自己叔叔婶婶那里，那显见的就更是寄人篱下，更为低贱的活法了。可我们从来没有听过史湘云一句抱怨的话，甚至也没有从她嘴里找到一句有关她生活不幸的证据。

倒是宝钗，曾经对袭人说："他们家嫌费用大，竟不用那些针线上的人，差不多的东西多是他们娘儿们动手。"这话也不是史湘云直接对宝钗的倾诉，宝钗说："他和我说话儿，见没人在跟前，他就说家里累得很。我再问他两句家常过日子的话，他就连眼圈儿都红了，口里含含糊糊待说不说的。"可见，湘云的境遇，竟是宝钗这样细致的一个人，再三安抚慰问，才得出那么一两句，勾勒出来的情形。我们细想一下，宝钗说是他们娘们动手，如保龄侯、忠靖侯的夫人媳妇，也就是宝钗嘴里的奶奶太太们，未必管这些的，真正做活的，除了丫鬟婆子，也只有个史湘云了。除此而外，宝钗还说过湘云的月利钱，大概还没有贾府的大丫鬟多。

这样的境遇，更是该可悲可叹的了，可你哪里从史湘云那里找到一点这样的影子？我们能够记住的，除了她醉卧芍药圃的憨态可掬，就是和宝玉割腥啖肉时的豪放不羁，要么就是在诗社里和黛玉一较高低的咏絮之才了。至于"老刘大如牛"的笑话，她的豪放大笑，在那样一群笑不露齿的小姐们群中，就更显得不拘小节。

史湘云每次来到贾府，基本上都是说说笑笑的。她说话也特别直率，刚和宝琴相熟，在和宝玉吃鹿肉时，居然就喊宝琴"傻子"，她说："傻子，快来吃些。"而宝琴大概也熟络了她的性子，居然一点也不作色。显见的湘云多么亲切可爱。

唯一闹别扭的时候，就是和林黛玉了。林黛玉的嘴是不饶人的，从一开始就积下了一个"二哥哥"做"爱哥哥"的取笑的底子，而史湘云心里又藏不住话。两人每次见面，少不了就是一顿互损。小肚鸡肠的时候也不是没有，为了说黛玉像戏子一回，也和宝玉闹着要离开，伶俐的嘴也是连珠炮似的把宝玉数落了一番，可一转眼就又云开雾散，和黛玉和好如初。

尤其是宝玉吃鹿肉那一回，大观园里又添了宝琴、岫烟等几个姐妹，"黛玉因又说起宝琴来，想起自己没有姊妹，不免又哭了"，湘云呢，用李婶娘的话说就是"他两个在那里商议着要吃生肉呢，说的有来有去的"。悲伤什么呢？有景有情有人气的，何必悲伤？正是借着大好的风光，把这一腔豪气敞开，至于霉气晦气，等到阴天下雨的时候，再对上。曹雪芹给史湘云的评词也是如此："幸生来，英豪阔大宽宏量"，因为大气豪爽，完全没有那种酸甜的小儿女情态，纵有些苦楚，也全然不放在心上。

其实，史湘云哪里有不苦的，离开大观园的时候，她常常要眼里含泪，可是却绝对不能哭，就连姐妹们不舍，她也不敢耽搁，只是悄悄告诉宝玉，叫宝玉时刻提醒老太太，能常常接她到大观园里来松散松散。

就生活的境遇来说，史湘云和林黛玉才是最有共鸣的，然而林黛玉一味悲观，史湘云却最是乐观。因此，两个人交往，常常是摩擦不断。到后来史湘云再来大观园，干脆住进宝钗的蘅芜苑，索性离黛玉远一点。

这样的直接碰撞，还是没有影响两个人的友谊，在"凹晶馆联诗悲寂寞"时，两人再一次珠联璧合，连出绝句"寒塘渡鹤影，冷月葬花魂"。其实在这一回，黛玉一开始还是悲秋伤月的情绪，尤其"见贾府中许多人赏月，贾母犹叹人少，又想宝钗姐妹家去，母女弟兄自去赏月，不觉对景感怀，自去倚栏垂泪"，迎春、惜春都不理会，探春又有满腹的心事，倒是史湘云，不计前嫌，过来安慰黛玉："你是个明白人，还不自己保养。"

有意思的是，在这一回里，两人走下凸碧山庄山坡，来到通往藕香榭的池沿。史湘云看到水，马上就笑道："怎么得了，这会子上船吃酒才好！要是在我家里，我就立刻坐船了。"很多人认为，史湘云在家里那么受拘束被刻薄，只能做针线，又哪里能坐船，可见这是句谎话。然而这一句，显得特别对景，又是脱口而出的话，不像是虚伪的说谎，倒更像是乐观派的欢乐本性。细细想去，即使史家对湘云再严苛，但肯定也会有一起享乐的日子，此处恰恰说明，湘云只记得那些快乐的事情，至于那些悲伤的事，都是题外话，在这样快乐的日子里，她是想也想不起来的。湘云的豁达乐观，由此可见一斑。

除了"天将降大任"的人，要苦其心志劳其筋骨，或者"应劫而生的大恶者"，要受寒风邪气的侵扰外，余者境遇基本无异。可这同样的境遇，还是会生出各种不同的人生，就是因为人生态度不同。那乐观而极富正能量的人，就是在泥潭中，也活得快乐恣意，而那消极悲观的人，就是在福窝里，也还是会感觉岁月在削筋断骨，人生总是风刀霜剑，不得一时之乐。

正是悲也是由自己生，乐也是由自己生，何不心生快乐呢？

高洁淡雅的人，可看到那个心如素简的友

《周易·系辞上》说：物以类聚人以群分。性格高洁淡雅的人，大约应该只能和心素如简的人交友。如竹林七贤一样，只需竹林之阴，三五斗美酒在侧，就可歌可舞，可动可静，闭目眼神，那种肆意酣畅，妙不可言。

黛玉当是那个高洁淡雅的人了，她自该是喜欢这澧兰沅芷、积雪封霜的。贾府上上下下的人，在贾母眼里都是"一颗富贵心，两双体面眼"，偏偏不缺人淡如菊、心素如简的人物。这个人，当然非紫鹃莫属了。

黛玉是《红楼梦》的主人公，身边有几个丫头身份也不低，连司棋都被称作"副小姐"，而紫鹃这个黛玉的"首席大丫头"却很少出现在人多嘴杂的地方。黛玉常去的怡红院和贾母处，都很少见紫鹃的身影，就是大观园里公子小姐们一处做诗、割腥啖肉、咏螃蟹赏海棠的时候，她似乎在侧，可也是淡淡的一个人影，完全地边缘化，没有平儿、袭人、鸳鸯甚至琥珀等在主子们玩乐的间隙自取乐的喧哗和吵闹。这大概也源于她在贾母处时，不过是一个二等的丫头，和袭人、鸳鸯不可同日而语，可同时也说明，紫鹃安分守己，不善巴结逢迎。

紫鹃更多出现的地方，就只是潇湘馆了。黛玉出去的时候，大约也不用她跟着。有一次黛玉出去，回头吩咐紫鹃"收拾屋子，下纱屉子，等大燕子回来，把帘子放下来，拿狮子倚住。烧了香，就把炉罩上"等诸语，正说明紫鹃要留在家里，照看潇湘馆。袭人也要在家里照看怡红院，但袭人的照看

法，与紫鹃的又不相同了，袭人要关注的是上灯下火，人际事物，而紫鹃要照管的，却是自然人文，是生活的情趣。袭人为了宝玉，也常常四处奔走，到黛玉处，到宝钗家，还时不时地到王夫人那里，汇报一下宝玉的日常情形，闲了无事，又要和各处的姐妹们一处厮混说话。紫鹃上面没有可以要巴结的人，下面没有要笼络的人，就是朋友，似乎也没有一个。贾赦要娶鸳鸯那一回，鸳鸯、袭人和平儿一处说话，至于其他大丫头小丫头们，也都是各据性情成群结伙地一起玩闹说笑。只有紫鹃，总是一个人孤单单地，甚至是闷闷地待在潇湘馆里。

她是个笨嘴拙舌的闷葫芦吗？当然不是。你看她试宝玉时，是何等的心思慧敏，批评黛玉时，又是何等的尖利，就能看出她也是个机灵聪明的。曹雪芹给宝钗的评价是"罕言寡语，人谓装愚；安分随时，自云守拙"，这话用来评价紫鹃，恐怕更合适一些。宝钗尚有那不能饶人之处，而且心机繁复多谋，而紫鹃，则真真是只拿捏得火候正好时，才肯张嘴说话。

有人说，紫鹃情辞试宝玉一回，不就是多嘴多舌引来的祸事吗？不然，书的大回目是这样的"慧紫鹃情辞试宝玉"，曹雪芹给她的评价是"慧"。在黛玉这里，甚至是在贾母那里，这一试，岂不正是一种情切切意真真的表现吗？这一试，正是贾母想要向王夫人、薛姨妈等人表明宝玉合适人选的机会。贾母在看到宝玉那副痴呆泥傻的样子后，又看到紫鹃，本来是"眼内出火"，然后又拉住紫鹃，要紫鹃给宝玉赔罪，可当她听紫鹃说出缘由后，贾母的态度立刻就变了，她流泪道："我当有什么要紧大事！原来是这句玩话。"又向紫鹃道："你这孩子，素日是个伶俐聪敏的，你又知道他有个呆根子，平白的哄他做什么？"就连贾母都在承认，这紫鹃是个伶俐聪敏的了。

就像宝玉一样，紫鹃的一颗心，只在黛玉身上。说袭人"伏侍贾母时，心中只有贾母；如今跟了宝玉，心中又只有宝玉了"，不一定这样，袭人还有个往高处飞的欲望在，而紫鹃，则完全没有这种想法。她的眼里心里，真真是只有黛玉一人。黛玉哭，她也会跟着难过，黛玉笑，她也会跟着开心，黛玉满腹的心事，她的心里，也会平添出许多的烦恼。正是看到黛玉对宝玉的一腔痴情，爱而不能得，而宝玉偏偏又是那"对姊妹兄弟视如一体、并无亲疏远近之别"的，这让紫娟怎能放心得下呢。小姐想着的这个公子哥，到底是有多少心思在小姐这里呢？同样是试宝玉，"莺儿微露意"和"情辞试宝玉"又有不同。莺儿那里，闲话常家里，有着密密织就的心机，而紫鹃这里，竟是情急心切的试探，正是性情中人。

再说紫鹃批评黛玉的话。为张道士给宝玉提亲，两个人大闹了一番后，几日里谁都不理谁，可宝玉心里后悔，黛玉也觉得有愧。紫鹃于是劝道："论前儿的事，竟是姑娘太浮躁了些。别人不知宝玉的脾气，难道咱们也不知道？"紫鹃这话说得极有水平，可以说，是直说到黛玉的心坎里了，黛玉常自以为，自己比别人更了解宝玉，宝玉也比别人更了解她的。而且，紫鹃用了一个"我们"，又可见紫鹃对黛玉的那片心。再者，因为是同一颗心，那批评的话只有"浮躁"两个字，再说出来也就轻得多了。

黛玉听见后是个什么情形呢？她啐了一口，说道："呸！你倒来替人派我的不是。我怎么浮躁了？"其实黛玉心里很是清楚自己的浮躁，可她本就是个爱使小性儿的人，又被一个丫头批评，她似乎还是有些难以接受。

紫鹃见黛玉问上来，马上笑道："好好儿的，为什么铰了那穗子？不是宝玉只有三分不是，姑娘倒有七分不是？我看他素日在姑娘身上就好，皆因姑娘小性儿，常要歪派他，才这么样。"有情有理，有理有据，不但论证了黛玉的确浮躁，还更深入地对黛玉进行了批评，直指黛玉的性格缺点——小性儿、爱歪派人。黛玉的口齿伶俐，我们是早见识过的，可在紫鹃的这篇话语面前，黛玉却什么也说不出来。曹雪芹写了"黛玉欲答"，却因为正值宝玉来而没答，试想，宝玉如果没来，黛玉答下去，大约也只能是虚虚地骂紫鹃几句，强给自己撑个面子罢了，她还能说出什么来呢？

在紫鹃面前，黛玉是透明的，而在黛玉面前，紫鹃也是透明的。紫鹃知道黛玉爱恼人，但这劝谏的话，紫鹃是一定要说出来的，这正体现出她的那一片苦心。关于黛玉小性儿的问题，宝玉说过，湘云说过。紫鹃这番话，既不同于宝玉说的软骨没有分量，又不同于湘云的冲突搏击，紫鹃只是作为一个母亲一样的人，点着孩子的脑门，说一些中肯的话，只有亲切，只有甜蜜，只有温柔，只有体贴。

这份苦心，在紫鹃从宝玉那里回来后，对黛玉说的那番临睡箴言中，再一次体现出来。先是悄悄地向黛玉表达她试出宝玉真心的欣喜，然后又说："替你愁了这几年了，又没个父母兄弟，谁是知疼着热的？趁早儿老太太还明白硬朗的时节，作定了大事要紧。俗语说：'老健春寒秋后热。'"这一番话，正是黛玉最好的筹算处，黛玉嘴里依然是骂着"嚼蛆"，让她快睡觉，可心里却早已经被紫鹃说得翻江倒海一般，既有欣慰，又有难过。

黛玉对紫鹃大概也没有不好的，否则紫鹃也不会对黛玉如此赤胆忠心。可作为一个贵族小姐，黛玉始终显得淡淡的，在紫鹃面前，总是撑着一副架子。在那样的社会形势下，黛玉大概也只得如此。

我们不是黛玉，我们若也喜欢那高洁淡雅的人，哪怕没有名利地位，我们也不能如黛玉这样计较身份，反而应该更尊贵地看待这样的人。因为这样的人，不但可以成为你的朋友，还是不可多得的净友、一心不二的忠友、真心实意的挚友。

很多看似简单、不着边际的人，正是有这样的品质性格。我们稍稍世俗了，眼睛稍稍抬高了，就会疏忽淡漠，以至于珍宝在前，也视而不见。在喧嚣的社会，心如素简的人，更加难得。别具一双慧眼，炼纯一颗真心，我们才会获得这样的友人，获得这友人的正能量。

第四章

傲骨不一定要得罪人，
巧话何必句句带刺

　　有些聪明的人，未免因其睿智，而处处卖弄，不能说破的，一定要点破，不能触碰的，也敢于触碰。有些高傲的人，未免因其傲骨，而总是将人得罪，好朋友好姐妹尚且不能幸免，至于陌生人，就更是顾不得人之忌讳。

　　有人说这样才能活得潇洒，我却说这是自找罪受。我们当然不必夹着尾巴做人，可我们也没必要出口就是唇枪舌剑，一做事就是横扫一片。这世界并不只有你存在，即使再尊贵，也得顾及周围人的感受。文静平和地活着，小心谨慎地说着，你才不会自设屏障，自惹是非。

无才莫开口，有才也不多言

从古至今，凡是能言善辩的，才华横溢的，常常忍不住说话。大概是一肚子的学问必须要脱口而出，体会到宣泄之畅快。

林黛玉的说话之道，只有两个字，任性。而在姐妹中，还有一个比林黛玉更任性的，那就是史湘云。大观园里诗社联诗时，就属这两个人对诗最多。林黛玉是思路敏捷，史湘云是才思泉涌。贾宝玉看着这两个人你出口成章、我下笔有神，都呆了，忘了联诗，忘了作对，从这张脸看到那张脸，只顾傻乐了。而为了争联诗句，黛玉一点也顾不得娇喘，湘云甚至来不及喝茶。那湘云说到口干舌燥，拿起了茶碗，却又放下了，直到联了诗句，这才喘口气咕咚咕咚喝茶。其实旁边的宝钗，也是个才女，只是她心性慢，不好争，不过是联诗，又不会赢什么，又不会输什么，没必要在这上面争个你死我活。

史湘云和林黛玉则不然，生活本来就没有什么乐趣可言，若没有这样的刺激争闹，就没个快乐可以取悦自己了。因此，她们俩相遇必争。联诗时如此，在平时说话也是如此，大观园里的姐妹们基本上都很和气，只有史湘云和林黛玉见面就起争端。史湘云是一个直性子，林黛玉其实算是有些悟性的，初进贾府时，也曾经谨言慎行过，可久而久之，还是会说些过分伤人的话。就说对史湘云吧，黛玉就特别直接地取笑史湘云舌头大。说浅了，这是不懂说话之道，说深了，这就有伤黛玉的人品了。也难怪史湘云在明里暗里都指责林黛玉太过刻薄，心胸狭窄。

其实林黛玉每次说这些话，也是带着一种耍小聪明的得意。因为觉得自己看透了对方的弱点，因为觉得自己猜透了对方的心思，就忍不住脱口而出。

黛玉当然是聪明的，才华自是不少，做人其实也未必就输了宝钗，只是她凡事都有个衡量，总不肯落人之后。说到底，还是一个寄人篱下惹的祸，家不是自己的，势也不是自己的，她不得不自己造势，在言谈举止上显得聪明一些，不愿让人看穿自己心虚。

到后来，"凸碧堂品笛感凄清，凹晶馆联诗悲寂寞"一回，虽然也是联诗作对，林、史依然针锋相对，但同时却有了互相安慰的温暖，有了互相赞赏的温馨。林黛玉不再逞一时口舌之快，史湘云也不再挖苦对方。

这样看，林黛玉的逞口舌之快，不过是小儿任性，还透着点少小离家的自卑和心酸，慢慢地，遇到机缘，总可以回转。真若长大成人，经历人世，还如此一味口无遮拦，那就不是惹人厌烦了，很多时候，可能是更大的麻烦。

聪明如杨修，就是一个爱说话的人，还是一个特别爱说话的人，简直到了知无不言，言无不尽，尽则尽矣，也还是会继续胡扯。

曹操差人建了一座花园，完工时，曹操去验收，走时给工人们留了一个"活"字，众人面面相觑，不懂其意。正巧杨修从此而过，看到那"活"字写在了大门上，他想都没想就说，这是个"阔"字，丞相是叫你们重新把大门加宽。曹操看工人们把门改了，大喜，问"谁知吾意"，人们回答说杨修。曹操赞美了杨修一番。

《三国演义》说此时曹操就"心甚忌之"，可我总觉得未必到"忌"的程度，曹操是一代奸雄，但他在识人用人方面几乎可以说是心胸宽广，就是面对"自得哥"许攸，曹操也还是低头隐忍。许攸每每口出狂言，曹操最多不过低头不语。虽然曹操在打江山初期和后期表现不太一样，可对那些能人，他还是会善任。此时的曹操，大概也只是对杨修有了一种特别不一样的看法。

直至杨修"一合酥"的卖弄，曹操对他不仅是妒忌，而且是厌恶，就像面对一个多嘴的八哥，故意在主人面前卖弄刚学会的那几句话那样的厌恶。但到了曹操睡梦中杀人事件，杨修一句话"丞相不在梦中，是此君正在梦中"，就彻底让曹操心生嫌隙了。这话，是曹操的禁忌。其实有脑子的稍微拍一拍，也会知道这话可不能随便乱说。可杨修那么聪明，却不带脑子。最后在鸡肋事件里，他的猜测，完全命中，可作为一个主簿来说，最重要的该是跟着曹操维护军心，而不是因为猜出了曹操的这种左右为难的心思而扬扬得意。

面对这样一个主簿，别说曹操，一代奸雄，饶不了他，就是换了一个人物，放到现在任何一家企业的老板身上，肯定谁都无法容忍。杨修是聪明，可那完全是些小聪明，花拳绣腿似的，没有一点实际的用处。反而常常坏了大事，毁了大局。

这样的聪明，聪明在表面，聪明在浅层。就像下围棋，已经看出去一步了就沾沾自喜，殊不知旁边有多少沉默的人已经看出去两步、三步了。你一张口，暴露了你的底线，人家不说的，却可以安安静静地把你玩转。

人海茫茫，江湖滟滟，到处有深藏不露的人，你若只有了一点小聪明，就敢肆无忌惮地抖包袱，说不定你什么时候会遭遇谁的报复。

特别喜欢高晓松的《晓说》和《晓松奇谈》，那是一种与众不同的说历史的方法，"正史的里子，野史的范儿"，在嬉笑怒骂中，就把厚重而又繁乱的历史，说得清清楚楚，明明白白，还不落窠臼，也不枯燥。

就在我感叹高晓松的家学渊源、阅历丰厚时，却发现他在某一期说要就某个方面和观众讨论。我以为这不过是做节目的一种措辞，可真的看到他在留言中和人互动沟通，还为自己说的不够准确的地方而道歉。

后来，又看到一个朋友的朋友在微博中说为高晓松做节目，他说高晓松特别看重他自己的团队，而在录节目的时候，也特别严肃、严谨，就更是佩服。想成功成名的人，不光是靠身份背景，也不光靠才华和能力，靠的是谦虚的做人态度。那么有才华的一个人，做这样一种脱口秀节目，却也还是谨言慎行。这难道不值得我们深思吗？

谨记：无才莫开口，有才也不多言。话说出来容易，再收回来就难了。倒不是江湖险恶，只不过不要让自己显得太浅薄。

世界用图画和我说话，我用音乐应答

我们凡夫俗子，都是心随境转，高兴了，说话也是口吐莲花，不高兴了，就是好话，也常常会夹枪带棒。有的时候，这枪，这棒，还常常朝向无辜的人，惹人生气，惹出麻烦。

《红楼梦》里最像林黛玉的晴雯，在和碧痕拌了嘴后，见宝钗来访，也会忍不住在院子里抱怨："有事没事地跑来坐着，叫我们三更半夜地不得睡觉。"这话不知道薛宝钗听到没有，大概晴雯也知道，以宝钗的雅量，她就是听见，也只会是淡然一笑吧。

可晴雯这股怒火，得罪的不只有宝钗，还有黛玉。黛玉此时正来敲门，晴雯就越发没好气，大声冲着门口喊："我们都睡下了，明儿再来吧。"黛玉以为她们把自己当成了丫头，就又喊了一声："是我。"可那小晴雯正怒火中烧，哪里还有个心思分辨，马上抢白："凭你是谁，也不开门。"结果让林黛玉又为此而落泪伤感，把寄人篱下的悲伤，还有今日昨日的话题又重想一遍，一边想一边心痛，一边心痛一边哭。

黛玉平时和贾宝玉生气的时候，也是常常拿别人开解。不管你是史湘云，还是薛宝钗，说起话来也毫不留情，今日却落得被丫鬟如此奚落，她自己悲伤不说，让看的人也觉得难过。

晴雯是黛玉的影子，她和黛玉一样不大理会世俗，任性而又冲动。黛玉还只是为宝玉而心迷，晴雯就是个火暴的脾气。她和宝玉为了一把扇子拌嘴，袭人过来劝解，她居然连带着把袭人也骂了一顿，惹得宝玉当时就要去回了王夫人，把她送出府去。她这才慌了神，哭起来，一边哭，一边说："谁想着出府了？"已经是示弱了，可言语还是个咄咄逼人。

晴雯这样性子的人，也是仗着宝玉对她的宠溺，仗着袭人、麝月等一干丫头们都不是特别计较的人。可世界不是宝玉的世界，更不是袭人、麝月的世界，不是所有的人都能宠溺着她。虽然仗着有个宝玉的依靠而张扬着过了那么一阵子，可最后还是因为自己的任性，而遭遇那场祸事，并最终送了卿卿性命，着实让人可悲可叹。

曹雪芹当然是赞赏晴雯的，这晴雯就是一个高傲的种子，有任性的资格，她就原该活得恣意畅快，特别是临死时和宝玉换了贴身旧袄，在世俗的逼迫下，把那最后的骄傲和倔强也一展无余。就像芙蓉开花，出淤泥而不染，濯清涟而不妖。晴雯的命运看着虽然让人心酸，可晴雯的傲骨看着却不由得让人拍案。这样的好女儿形象，才能在文学作品中立得住，展得开。

可这到底是文学作品，放在现实中，不会因为你生得个貌美如花，你得到过三千宠爱，就能容忍你的乖张，就能美化你的放肆。貌美如花的多了，得三千宠爱的也不少，演艺圈里到处是美女，可你看哪个会如此肆无忌惮？

如果你不是秉着过烟花人生的悲壮，如果你不是有一个就算死了也要敢作敢为的浪漫情结，那么即使你有放肆的资格，最好也不要容自己攒下个可以任意找人撒气的底子。

其实，柔言软语未必就是不浪漫，相反，倒能够给人个好花好景好良辰的感觉。看看薛宝钗，饶是林黛玉口齿刻薄，她也还是柔情相待。不但劝诫杂书看不得，而且当看到黛玉的药方时，居然非常敏锐地发现了方子里的弊病，诚心实意地和黛玉分析。若没有个真心相待，大概也不会如此推心置腹。也难怪黛玉感动得直接告白："你素日待人，固然是极好的，然我最是个多心的人，只当你心里藏奸，从前日你说看杂书不好，又劝我那些好话，竟大感激你。往日竟是我错了，实在误到如今。"

我一直相信，黛玉之所以如此刻薄，主要还是因为活得不够安心，用她自己的话说"我是个多心的人"，这多心也还是因为害怕，害怕自己这无依无靠之身被大家鄙薄。但这样的担忧，到底还是被宝钗的真心给化解了。

黛玉的多心，也难怪黛玉。可宝钗的精心，却格外难得。宝钗也是有自己的心酸故事可以说的，可对她来说，她看到的听到的得到的，都是美好至极，母亲哥哥是好的，亲戚朋友也没有个坏的道理，总是有个纠纷矛盾，也都是可以化解的。从始至终，宝钗都没有对黛玉有过下意识的伤害，就是那次偶尔听了红玉的心事，假意说着"颦儿等等我"，转移红玉的注意力，也不过是心急之机，不见得是个什么见不得人的伎俩。

与其说这是做人的心计，倒不如说这是宝钗为人的一种心态。不管面对谁，她的眼里，她的心里有个担待，就是因为这个世界，看起来还不坏。这世界未必不坏，大自然还有个叶落知秋，还有个寒冬霜雪，人世里更是有个世态炎凉，有个小人惑乱。只是，秋有秋的美，冬有冬的洁白。世态炎凉、小人惑乱是让人伤怀，可那到底是远的，在大观园，在贾府中，这两样到底还不会侵害到自己。

说林黛玉是水晶心肝玻璃人，其实宝钗更像是水晶心肝玻璃人。她什么都看到了，也什么都看好了，所以才活得那么泰然。就连成了林黛玉的替身，嫁给了贾宝玉，她有一肚子的委屈，却为了求一个全，而最终忍气吞声。

且不去管宝钗到底是心计，还是心态，我们都是世俗之人，不管是心计也好，是心态也罢，若也能做到心不随境转，能始终温软地和人说话，不会因为自己一时的情绪不好，就把别人的情绪也搞坏，也不会被别人的情绪带坏，那么对我们总归是好的。

毕竟，不是每个林黛玉，都能遇上薛宝钗，不是每一次肆无忌惮地发飙，都有人能替你接着。一旦你控制不了，又没有人能包涵，那你大约就要为此而付出代价了。

不任性，对我们生活在世俗的普通人来说，就是一种涵养。这涵养，就像武侠里人们常说的那种定力，功夫到家的人，再妖邪惑乱的音乐，也伤不了肺腑。你若是个功夫不到家的，那也只好忍着，在奇音异调里被折磨得吐了血，伤了筋，也得学会自我修正，学会精进功力，否则等待你的，将会是再一次的折磨。

可以想象，当世界用美丽的图画和我说话，我自然能用音乐一样的声音作为应答。

不要抓住你与别人的过节不放

网络上曾经流传过这样一句话：就算我们之前有过节，你也不能把我节过。俏皮中含着一种警示。过节是两个人的过节，你惹了我，我大概也不能闲着。一种矛盾，两处仇恨，不下心头，就会阻在路上。所以，矛盾宜解不宜结，就算生活给了我们误会，让我们成为敌人，我们也要化敌为友才是。

否则，你抓住别人的过节不放，即使你有机会报了仇，也只能是让矛盾一发不可收拾了，星星之怒火，到处燎人，烧了对手，难免也会烤熟了自己。最初的快意恩仇，其实不过是魔鬼的诱惑，最终会让你失了小节，又误了大事。

女孩子们因为心思细密，常常受不了一句撩拨的话，总是会反唇相讥，至此还不过瘾，还会记下恩怨，等待时机。对方一旦有什么漏洞，立刻就会追击而上，举起刀，劈下剑，不让那个给自己难堪的人痛苦，这事就不能算完。

还有一些女孩子，因为感觉，也会无端幻想出对手。在"对手"毫不知情的情况下，也会唇枪舌剑攻击一番。这样的情况，即使是痛快了舌头，未必能痛快得了心。

记得黛玉在看到薛宝钗坐在午睡的宝玉床前时，是笑了的。你若以为这笑是一种温暖的笑意，那你就错了。表面上，她是笑着的，内心一定是打翻了五味瓶一般。她用扇子掩着脸，招手叫就在身后的史湘云过来看。

这个爱玩爱闹的史大姑娘，一看到薛宝钗坐在宝玉床上，低头在做着什么，她的身旁，有一个蝇帚子，似乎她刚才为宝玉赶过蚊子，不禁也笑起来。按照她的性子，肯定是要冲进去，捉弄这两个当事人一番的。大概黛玉也正有这样的意思。可是史湘云猛然想起宝钗姐姐往日对自己的种种好，就笑也不笑了，不但不笑，还拉着黛玉就走。黛玉心不甘情不愿，可史湘云使劲拉着她，她倒也不好失了身份，硬要冲进去取笑宝钗。她跟着史湘云走了，可是走了，却沉下了脸，回首又朝着宝玉的窗子看。

黛玉终究是不甘心的，后来在劝宝玉过生日要尽心招待宝钗的时候，终于忍不住说："看在人家为你赶蚊子的份儿上，你也该去的。"虽然没有当着宝钗的面说，不过是在宝玉面前赤裸裸地表达了一番醋意，可到底还是显得心眼儿小了些。而且，当宝玉知道宝姐姐居然在自己午睡的时候就坐在自己的身边，且不说赶没赶蚊子，就是这样一个国色天香的女子，坐在自己身边，那也是醉了的。黛玉本来想借着醋意，进一步验证宝玉的真心，结果却让宝玉生了另一种心情，实在是弄巧成拙啊。

宝玉当然对黛玉是一往情深，对宝钗再好，也不过是以清爽的女儿身的美而看待的。因此，黛玉说这话就更显得没有道理。抓住宝钗的过节（这也算不得是什么过节）不放，只不过让她显得更加刻薄而已。

不管你有什么样的理由，死抓住别人的过节不放，总是会让你显得心胸狭隘，不但让外人看出你的浅薄，还可能会聪明反被聪明误。

一个聚会上，两对情侣在一起论证男女之间是否有真正的友谊。男孩子小征认为没有，他说男人的心理和女人的心理是大不同的。女人总是喜欢搞搞暧昧，然后还假装无辜，但身边却一定不能少了绿叶陪衬。男人更喜欢直截了当，喜欢就是喜欢，不喜欢就是不喜欢。若他真对某个女生没有了感觉，恐怕他放在她身上的关注不会特别多。一旦有所关注，那就证明他内心有些悸动。

小征的女友点点头，半认真半开玩笑地说："你这话是表示你自己没有这样的暧昧呢，还是不允许我有这样的暧昧呢？"

小征还没有说话，小征的一个同学姜姜说话了。她声调很高，说："小征你就别假清高了。你还说男女生之间没有朋友，可是咱们一起外出参加活动的时候，有多少次咱们不得不挤在一张床上睡觉，有多少次咱们看着外面的雨，聊着自己的心酸往事。有很多话，你现在的女友不知道，我却知道，有多少事，我现在的男友不知道，你却知道。你和我都这样了，你怎么能说男生和女生之间不能有真正的友谊呢？你难道和我在一起的时候，是有私心的吗？"

姜姜似乎格外激动，声音尖利，话语急速。小征的女友脸色一下子就变了，她慢慢把筷子放在一旁，双手抱在胸前，目光灼灼地看着小征。小征正在喝酒，猛然觉得自己的身边的气氛一变，冷飕飕的杀气扑面而来，他连头都没敢回，就把酒杯放下，乖乖举起了双手。

姜姜的男友也在场，他看着小征举起了双手，还在哈哈大笑。他是有点幸灾乐祸的，因为小征的观点和他正好相反，他认为，男女之间是可以做朋友的。在女友没有揭露小征的这些事之前，他和小征的辩论始终处于弱势，小征说话有理有据，还把男人女人的心理分析得透彻无比，让他一时难以招架。姜姜的这一席话，无疑让他转败为胜。他在旁边开心地拍着巴掌。

小征的女友脸色越来越低沉，她慢慢扭转头，冷冷地看着姜姜的男友，问道："你觉得我的男友可以继续和你的女友暧昧下去吗？你觉得你的女友还应该继续和我的男友睡一张床吗？"

姜姜的男友一愣，他没有想那么多。小征和姜姜是从小的玩伴，在他和小征的女友出现之前，这两个人肯定一起经历了很多风雨，他们自然是有许多话题能聊到一起的。这是再正常不过的事情了，他们之间这算暧昧吗？睡一张床？这个事情他不知道，他也没有想过。

他那张笑开了花的脸，慢慢皱缩起来，皱缩到嘴都撇了下去。他回头看姜姜，姜姜正在兴奋地喝酒，似乎为男友驳回一局而高兴。那口酒刚到了嗓子眼，猛然听到小征的女友如此质疑她和小征，一口酒没咽下去，她被呛得咳嗽起来。

小征赶紧解围，他搂着女友说："大家都玩得如此高兴，你怎么还为这个事较上真了？我要是和姜姜有什么暧昧，我们四个能玩到一起吗？你想，我们在一起那么多年，我对她都没有动过心，证明她这个人不行。"说到这里，小征看到姜姜的脸色一变，赶紧改口说，"这个人不对，你才是对的那个人。你都是对的那个人了，你何必和错的这个人计较呢？"

小征的女友半信半疑地斜了一眼小征，又回头看了看姜姜，面色终于缓和下来。可姜姜面色却渐渐严肃起来，她突然站起来，指着小征的鼻子说："你不要大放厥词好不？我这个人不行，为什么这么多年你一直都在照顾我？我们中学同学，大学同学，毕业了还选择同样的职业，你刚才自己说了，如果一个男人对一个女人多关注一点，那就证明他是有心的。你这不是自相矛盾吗？"

小征的女友看姜姜如此，再也忍不住了，拂袖而去。小征也火了，他怒气冲冲地问姜姜："你说这话，我倒要问你，难道你对我有什么居心吗？一定要拆散我和我的女友，你到底想要做什么呢？"说完，他也不看姜姜，也不理姜姜的男友，转身就走。

姜姜僵在了那里，她想哭，可她感觉就连她的眼角也僵住了。她本来没有多想，只是一时好胜，想要为男友扳回一局，可谁知局是扳回来了，可多年的朋友却拆散了。她委屈地去看自己的男友。她的男友倒还在，可看她的眼神，冷得让她打了个哆嗦。他冷笑一声，说："你是把我和小征都当成了摆设呢，还是当成了利用工具？你这个心思，埋藏在心里这么多年，你都没有说出来，今天说这话费了不少心力吧？"说着他举起酒杯，朝着她一点头，一仰脖，把一杯酒都倒进了嘴里。

姜姜想要解释，这不是她想要的结果，她凑过去，抱住男友的手腕，话未出口，眼泪忍不住扑簌簌掉下来。她的男友一把把手腕从她手里撤出来，说："我想，你还是先冷静地考虑一下比较好。你考虑清楚了，我们再谈我们的问题不迟。"说完，也走了。可怜的姜姜，终于觉得身子不僵了，眼睛不僵了，她号啕大哭，可哭有什么用呢？

说话之前，一定要三思，不要一发现别人言谈上的漏洞，就得理不饶人。很多时候，你抓住了别人的过节，最后你可能被别人当节过。

这还只指说话的技巧，其实，抛开处世，从为人上来说，也应该做到得饶人处且饶人，你后退一尺，他可能就会后退一丈，这就是海阔天空。

高傲与世俗并存

有一种菊花，叫月月菊，不是在百花谢后再开，而是在万紫千红中争艳，虽然没能让满城尽带黄金甲，却也有花香袭人的可爱与诱惑。不一味萧肃，只暖于姹紫嫣红中。你能说它不美吗？不会。做人也是如此，随和一点，和众人打成一片，未必就显得你世俗了。你若真有傲骨，不是非得只用一颗冰心才能体现。

黛玉为人高傲，是有目共睹的。特别是有一个和蔼可亲的宝钗比着，贾府的上下更是评价一致，人人谓，近得了宝钗，近不得黛玉。小红这样寻思黛玉，赵姨娘也这样寻思黛玉。至于宝钗、湘云，甚至凤姐，在黛玉面前，虽然各有各的交流招数，宝钗是温柔和善，将心比心，湘云是唇枪舌剑，不分伯仲，凤姐则是能忍时忍，能让时让，能夸时夸，能打趣时打趣，但心里对她的高傲却也是认识一致。不过，因为有了这些人在旁边的交流陪衬，那黛玉的清高，多少也接了一点地气，到底在人群中留下了喜怒爱恨的痕迹。

其实，黛玉并非不能随和，在"金兰契互剖金兰语"一回，宝钗派婆子给黛玉送来了燕窝，黛玉对那婆子的态度，就非常随和，不但道谢，倒茶款待，还笑着说道："我也知道你们忙。如今天又凉，夜又长，越发该会个夜局，赌两场了。"连婆子们的赌博之事都知道，还笑着唠嗑，这样亲近可人的黛玉，想来那婆子也是大为纳罕的了。婆子临走前，黛玉又送给那婆子些钱，让她去买酒吃。

在"蜂腰桥设言传心事"一回，小丫鬟佳蕙也曾经说："我好造化！才在院子里洗东西，宝玉叫往林姑娘那里送茶叶，花大姐姐交给我送去。可巧老太太给林姑娘送钱来，正分给他们的丫头们呢，见我去了，林姑娘就抓了两把给我。也不知是多少，你替我收着。"佳蕙的这些话也说明，黛玉绝非眼里无人，她只是在很多事情上的处理，更倾向于置身事外罢了。

诸如这样可亲的事情必定不少，可为什么黛玉在贾府中一直给人"目下无尘"的印象呢？有人说，这是王夫人和薛姨妈以及薛宝钗搞的鬼，她们放出口风，说黛玉是个多心的人，而且抓住黛玉说话刻薄的把柄，让之散播蔓延，一来二去，黛玉的爱使小性儿、尖酸刻薄也就深入人心了。如此说来，黛玉的性格，不是黛玉自身的体现，而是被人黑出来的。

《红楼梦》里自然有政治、有经济、有人际、有算计，可王夫人、薛姨妈等对黛玉的所谓阴谋，做到连自己都觉得是不经意才好，否则，就容易影响曹雪芹笔下宝钗的形象。而曹雪芹是有意要钗黛合一的，自然对宝钗也不会只有一个贬字。再说，众人的眼睛是雪亮的，黛玉的刻薄小性儿那是有目共睹的。

我倒觉得，黛玉的清高孤傲是来自骨子里的。我们前面说过黛玉有一则终结性的评价为"情情"。除了宝玉，黛玉一无所视，一无所听，一无所想，她是心清如水，心无旁骛的。

黛玉的喜怒哀乐都是用最直率的方式表达出来的。比如，在被晴雯拒之门外之后，和宝玉生气和解时，黛玉对宝玉说："你的那些姑娘们也该教训教训，只是我论理不该说。今儿得罪了我的事小，倘或明儿宝姑娘来，什么贝姑娘来，也得罪了，事情岂不大了？"这又是尖酸刻薄的话了，本来是对宝玉的一腔怒火，对宝钗的满心妒意，却只从责怪丫头们的事情说开去。黛玉很多尖酸刻薄的话，都是这一类话，明是议论着别人，评价着别事，但最后总是转到宝钗这里来。这类话说给宝玉听还好，一旦叫别的丫头婆子们听到了，必然在心里产生一种对黛玉和宝钗的评价。同是被批评指责的人，自然有惺惺相惜之意。于是，宝钗和黛玉在下人那里就立刻分出高下来了。你处处指责宝钗，却没见宝钗处处指责你！在捧宝钗的同时，自然也就贬黛玉。这也是人之常情。

在"寿怡红群芳开夜宴"一回，深更半夜，宝玉把众姐妹都请来玩乐，黛玉也来了，书中却这样描写道"独黛玉离桌远远地靠着靠背，因笑向宝钗、李纨、探春等道：'你们日日说人家夜饮聚赌，今日我们自己也如此。以后怎么说人？'"黛玉的这种清高，也不是特意表现出来的，一则因为她身体弱，怕冷，故离人群远些。二则她的所虑只是打趣众人，是心直口快之说。

另外，黛玉做事也是随心随喜、随性随缘。就说几次赏钱的事情，她没有拉拢人心的目的，自然也不会去计较人是否会记得。

黛玉的清高，并非不恤下情，自然也非冷酷无情。只是她的表达方式，还有出发点，过于随心所欲而已。

崇拜黛玉的人，说黛玉纯粹纯洁，说宝钗媚俗庸俗。可反过来，崇拜宝钗的人，也自有道理，他们说宝钗善解人意、温柔宽厚，说黛玉尖酸刻薄、冷酷无情。既然如此，我们就再看宝钗。

宝钗的思虑太过复杂，她不但要考虑整个社会的道学传统，还要考虑别人的心理感受。

比如，在"杨妃扑蝶"一回，她无意间听到了小红和坠儿的谈话，于是就有了这样的心理："从古至今那些奸淫狗盗的人，心机都不错"，她的思维方式极其复杂，不像黛玉那样单纯。

在元妃省亲时，宝玉做诗词有一句"绿意春犹卷"，宝钗转眼瞥见，便趁众人不理论，推宝玉道："贵人因不喜'红香绿玉'四字，才改了'怡红快绿'。你这会子偏又用'绿玉'二字，岂不是有意和他分驰了？况且蕉叶之典故颇多，再想一个改了罢。"此处，宝钗的思维和行动的主导就已经出来了，因为她想的从来都不是自己的意思，而是整个主流社会的意思，上层人士的意思，于是，她必须特别会察言观色，必须会做顺水人情。

宝钗如此，无所谓好与坏，只是她的思想价值观而已，但对读者来说，到底失于媚俗。这也是宝钗为人诟病的原因之一。宝钗的每一次行动，都是有计划、有目的的，为了笼络人心，宝钗处处种因，处处送情，给林黛玉送燕窝，替史湘云出钱设宴，为邢岫烟赎当，为王夫人解忧诸如此类。

可我们不能因此就完全鄙薄宝钗，她的善解人意，她的温柔体贴，她的宽容大度，又是黛玉不能及的。

生活在当下，我们做不了宝钗，但我们也不能过于推崇黛玉的行为。我们的世界毕竟十分宽广，我们所要面对的人毕竟超过一个"情"（黛玉为"情情"），所以，曹雪芹的钗黛合一，很值得我们效仿。

我们不能为了眼里的一个人，就把世界所有人都抹去；我们也不能为了世界所有人，就把自己抹去。黛玉是高傲的，可不是所有的高傲，都值得我们去称赞；宝钗是媚俗的，可也不是所有的媚俗，都必得我们鄙薄。

我们再怎么想要显示内心那个真实的自己，到底还是要生活在人群中，少不得要迎合人意，要违背自己。为人随和一点，不一定就是媚态。相反，这才会让自己活得更有生机。只是亲和就好，不要让俗世凡尘蒙住了自己的心，心太累了，人生还有什么趣味可言？

我们尽可以去高傲，在寂静的夜，在天高云淡的晴天，静坐一隅，品清茶，读古书，听美乐。我们也尽可以去世俗，不拒绝别人的善良，不停止对世界的微笑，与人随和来往，做事有傲骨不媚俗。

世界，尽可以用几笔简单的写意勾勒，但人生，也不要忘了描上纵横交错的经纬。

说一个人的话，不要挂带上局外人

说话，向来被人们认为有术有道。术者，刁钻古怪，谄媚邀宠。道者，言而有意，听而有获。得道者，说的都是畅快淋漓的话，言简意赅，准确无误，好听不媚，让人能随喜随心，真挚而有益，让人闻道而入心。

林黛玉是聪明灵秀的，可她不大懂说话之道，她说话过于直率不说，还总是在说一个人的话时，挂带上局外的人。若不挂带上宝钗，黛玉这话再也没有完的时候。宝玉为此不知道要赔上多少小心，可还是时有漏洞，被黛玉刻薄。

除此以外，黛玉还特别喜欢取笑人。她取笑的对象，大多都是宝玉，可在取笑宝玉的同时，也常常会伤害到其他人。众人一起做诗词时，史湘云来了一句"这鸭头不是那丫头，哪得去讨桂花油"，众丫头不干了，要罚湘云，还说："怎见得我们就该擦桂花油的？倒得每人给一瓶子桂花油擦擦。"黛玉马上就说："他倒有心给你们一瓶子油，又怕挂误着打盗窃的官司。"这句原本打趣的话，却影射了彩云的"茯苓霜"事件。彩云当时就红了脸，黛玉后悔不迭。

黛玉这样的打趣，还不像湘云的"丫头""鸭头"的谐音，湘云的话说得也让人不舒服，可到底没有打到谁的短处，不过是说话不得体而已。

民间有句谚语："听话听声，锣鼓听音"，还有个成语"隔墙有耳"，又有一个俗语"说者无意，听者有心"。很多时候，我们只顾自己畅所欲言，却没有想到，话里有音，身边有人。一个不留意，就被人错会了意，惹出麻烦。

晴雯若不是说话动辄就惹上几个人，大概也不会落得那么凄惨的下场。尤其在撕扇子一回，更是把一张伶牙俐齿显了个够。

晴雯在服侍宝玉时摔折了扇子，宝玉不过说了她几句，她就立刻翻脸问道宝玉头上来，说什么连袭人都挨了打，她们这样还不知道怎样呢，不如趁早散了的话。宝玉自然更加气愤，袭人听见不是好话，赶出来劝。袭人这样说："我一时不到就有事故儿。"这不过是脱口而出的抱怨话，虽然有些托大，可她到底是大丫头，也该说这话。谁知晴雯马上就揪住话头说袭人会服侍还挨了窝心脚了呢，不会服侍的，不知道会怎样呢？一句话，不但把宝玉说得极为刻薄，也把袭人捎带上了。袭人也急了，马上跟上一句："这原来是我们的不是。"这句话到晴雯那里，又成了错话。晴雯马上说："我倒不知道，你们是谁？别叫我替你们害臊了！你们鬼鬼祟祟干的那些事，也瞒不过我去。不是我说正经明公正道的，连个姑娘还没挣上去呢，也不过和我似的，那里就称起'我们'来了！"

句句不饶人，句句抓错空。晴雯的每一句话，似乎都让人无法反驳，可你去想整个事件，却只看到一个没有心计的傻丫头，一点容不得说，一点压不了火，指东骂西，点上打下。那晴雯既能从一个骂到两个，必定也能从两个骂到三个。如此结怨下去，真是个没完没了。嘴是痛快了，却惹来一肚子气。气了自己，还气了别人。想宝玉是很疼她的人，袭人是很容她的人。连这样的人，她都不饶过，就更别说别人了。

俗话说，糖要多吃蜜不甜，话要多说讨人嫌，也正是这个理了。再想想宝钗为人罕言寡语，人谓装愚，自云"守拙"，不但是为人之道，也正是说话之道。

其实，就是有身份地位的人，说话也不能无所顾忌，都要斟酌。贾母带领一家大小赏中秋月时，贾赦曾经讲了个笑话："一家子一个儿子最孝顺，偏生母亲病了。各处求医不得，便请了一个针灸的婆子来。这婆子原不知道脉理，只说是心火，一针就好了。这儿子慌了，便问：'心见铁就死，如何针得？'婆子道：'不用针心，只针肋条就是了。'儿子道：'肋条离心远着呢，怎么就好了呢？'婆子道：'不妨事。你不知天下做父母的，偏心的多着呢!'"这笑话，虽也有一分半点意思，可凭着贾赦那么老成的一个人物，不会不懂得这里面的影射，也不会不明白老太太连这点意思都听不出来，可他居然讲了出来。直到老太太半日笑道："我也得这婆子针一针就好了"，贾赦这才"自知出言冒撞"，"忙起身笑与贾母把盏，以别言解释"。本来为讨笑，却讨了人厌，后再怎么补缀，怕也是挽回不了。

不光贾赦有过这样的言语伤人，贾母在贾赦要娶鸳鸯那一回，也曾经有过那么一回，本来说贾赦没克制、邢夫人没有决断的话，却把王夫人也捎上了。贾母说："你们原来都是哄我的！外头孝顺，暗地里盘算我！有好东西也来要，有好人也来要。剩了这个毛丫头，见我待他好了，你们自然气不过，弄开了他，好摆弄我！"贾母本是个老姜，说话也是言辞不差的，可这一回却在盛怒之下，让她一直还算看重的王夫人也跟着吃了挂捞。

贾母表面上每天只是吃喝享乐，不管事的，实际上在贾府，贾母有着至高的权力，否则王熙凤也不会围着贾母转了。这样的身份地位，在盛怒之下，难免会有怪怨，有疑忌，借着脾气敲山震虎也是有的。可在这件事上，让王夫人也跟着受批，是完全没有道理的，也是让人心不服的。即使探春不回转身来替王夫人说话，贾母在事后也必得找补个空，抚慰一下王夫人。给一个威严，为一个抚慰。这又是拓展出去的另一种说话之道了。

看来，语言虽为表达而来，却有言之不尽之意。其间之道，不是一两句话就能说得好的，也不是一两年间就能琢磨得透的。有的人，生来就是牙尖嘴利，不学说话之道，一张口就能舌绽莲花。有的人，生来就笨嘴拙舌，学尽言语之功，也还是临到嘴边，又变成了个锯嘴的葫芦。

再说《红楼梦》前八十回里，曹雪芹的妙笔，在言来语去中，行来动往里，就把人物写活了。想大观园里那么多人物，贾府中又有那么多行动，曹雪芹写来，一丝不乱，笔笔惊人，句句灵动。尤其是言谈之间，更多是说话之道。

还说那个丫头小红，凤姐见这个丫头说话爽利，一句不错，很是喜欢，就要收为自己的丫头，问她愿意不愿意。小红马上说："愿意不愿意，我们也不敢说。只是跟着奶奶，我们学些眉眼高低，出入上下，大小的事儿，也得见识见识。"这话说得滴水不漏，既没有眼皮子浅攀高枝的轻浮，也不得罪宝玉房里的各种人事，还把凤姐奉承得十分满足。

我是个笨嘴拙舌的人了，每每读《红楼梦》，看王熙凤口若悬河，嬉笑怒骂，再看宝钗温言软语，一语既出，字字入味，再看探春稳重决断，字字珠玑，磅礴有力，常常艳羡。看多了，就想自己也能像他们那样会说话。可真若张嘴，又不知道该说什么样的话得体了。再去翻《红楼梦》，再去看这些人的说话之道，又得感叹。不知曹雪芹是怎样一个能言善辩之人，怎么就能让那么多人都能说出那么得体的话来呢？不管怎样，读《红楼梦》，还兼能学到说话之道，这也是一种意外的收获了。

言归正传，有的人若如我一样没有锦心绣口，又没有出众的才华，在说话的时候，不妨学宝钗，寡言守拙才好。

宁肯压事少一事，不要挑事多一事

自清朝以来，人们就已经发现《红楼梦》这部书的奇妙之处，它不但是一部小说，还是一部历史，至于故事内容，就更是包罗万象，有诗词歌赋，有建筑艺术，有医学医理，有宗教文化，有服装服饰，有古董古玩，有治家哲学，有处世之道，还有语言交际……

就说语言交际，曹雪芹笔下的主要人物，差不多个个口齿伶俐，并各有特色，如王熙凤的幽默、黛玉的尖刻、宝钗的圆滑、探春的深刻……不一而足。

我们只说黛玉，黛玉虽然初进大观园时谨言慎行，但实际上她的敏感多疑，和"情情"的感情特征，都让她成为一个特别爱挑是非的女孩子。

针对宝玉的奶妈李嬷嬷，黛玉就先后几次进行过挑衅。当然，这也怪李嬷嬷，李嬷嬷仗着自己是宝玉的奶妈，比别人的恩德来得更深，她就完全把宝玉当成了自己的私有财产，动辄教训宝玉不说，还对服侍宝玉的丫头们个个不满，找碴挑事。宝玉为此几次暴跳如雷，要告诉贾母把李嬷嬷撵回家去，幸亏袭人把事情一件件压下来。到了"林黛玉俏语谑娇音"一回，宝玉正在和黛玉讲什么耗子精变香芋的典故，就听见宝玉房里一阵乱嚷声，黛玉马上说："这是你妈妈和袭人叫唤呢。那袭人待他也罢了，你妈妈再要认真排揎他，可见老背晦了。"宝玉正是一肚子气，没处撒，听到黛玉如此说，更是火上浇油一般。恰好宝钗过来，宝钗见如此，劝宝玉道："你别和你妈妈吵才是呢！他是老糊涂了，倒要让他一步儿的是。"两句话一对比，黛玉的挑事闹事，宝钗的息事压事，说话高低，立见分晓。

湘云给宝玉梳头，发现宝玉头上的四颗珠子少了一颗，少不得要问问宝玉。宝玉说丢了，湘云说："必定是外头去，掉下来，叫人拣了去了。倒便宜了拣的了。"湘云想的是，珍珠丢了很可惜。黛玉听后，似乎心有一动，冷笑着说："也不知是真丢，也不知是给了人镶什么戴去了呢！"这话醋意很浓，也显得十分刻薄。幸亏宝玉深谙黛玉的性情，不以为意，反而只顾把玩镜台旁边的妆奁等物。

黛玉在宝玉面前说话，用紫鹃的话说就是，不管有没有事实，先"歪派宝玉"一通再说，引宝玉为自己辩解。宝玉若是辩解得淡漠，黛玉又觉得这一定是被自己说中了，否则他不会反驳如此无力。可宝玉若是辩解得激烈了，黛玉又觉得这更是被自己看破了，让他下不来台了，否则他不会那么激动地为这么一件小事来辩白。宝黛两个人常常为一件小事而闹得不可开交，常常是因为黛玉喜欢挑起是非。可两人若真闹起来，不管宝玉做什么，黛玉都觉得是欺负了自己。

在被晴雯拒之门外之后，黛玉和宝玉闹了好几天的别扭，宝玉终于得了机会，两人打开天窗说了一段亮堂话，也算是尽释前嫌了。宝玉说回去一定要教训教训那些丫头们，黛玉马上跟进，说："你的那些姑娘们，也该教训教训。只是论理我不该说。今儿得罪了我的事小，倘或明儿'宝姑娘'来，什么'贝姑娘'来，也得罪了，事情可就大了。"明明是黛玉不愿意要这件事平息下去，她反而把责任推给什么"宝姑娘""贝姑娘"。当然，这也是一个恋爱中的女孩很正常的一种保卫自己的心理模式，不能就此说黛玉品质恶劣。但由此我们也可以看出黛玉说话做事都特别直率，不大费心去考虑什么后果。

后来宝玉果然为此事而开罪丫头，在他敲门半天没人开时，他怒火中烧，等到有人开门后，他不由分说，就是一个窝心脚踹上去，结果踹中的，却是最贤惠的袭人。

宝玉说自己有一个需要三百六十两银子配的药方，王夫人不信宝玉的这个药方，宝玉就让宝钗为自己做证，可宝钗偏偏说不知道，没看见。幸亏王熙凤在外间听见，插了一句话，说这倒是真的，说薛蟠曾经找她要过珠花、大红砂等物件入药。王熙凤的话显然让宝钗有点下不来台，宝玉立刻就替宝钗开解，说宝姐姐在贾府里住着，当然不知道薛蟠配药的事情。很显然，宝玉的这个善心又让黛玉心里很不受用，而宝钗明显有撒谎嫌疑，也让黛玉觉得很不是滋味，认为她是内心藏奸。黛玉一个人去贾母那里吃饭，当着王夫人的面，也不叫宝玉。宝钗劝宝玉也跟着黛玉去，宝玉说："理她呢，过一会子就好了。"

等到宝玉和宝钗都吃完饭来到贾母处，黛玉正在裁剪，宝玉自然是百般地温存，一直逗着黛玉说话，可黛玉偏偏不理。小丫头和宝钗等姐妹们也在旁边插话，黛玉借机说了两次"理他呢，过一会子就好了"。这话，当然是说给宝玉听的了，是在警告宝玉：你当我没有听见你在宝钗跟前说我的话？你给我小心点！宝玉很是郁闷，但也十分无奈，只好继续向黛玉赔笑脸。

宝钗在旁边，大约也很不受用，看黛玉一直在裁剪，就夸赞她越发能干了，黛玉马上说了一句："这不过是撒谎哄人罢了。"这句话很有意思，它包含这两层含义：第一，指宝玉撒谎哄人，在王夫人处，黛玉就说宝玉是撒谎。第二，指宝钗哄人，原以为是宝玉撒谎哄人的药方，在凤姐的印证下，原来真有其事，以宝钗那样心细如发的，她哥哥那么大张旗鼓地闹腾着配药方，她岂有不知之理？

宝钗是十分有心计的，我们看宝钗在处理问题的时候，很少有直截了当地去挑事，她的心机大多隐藏在轻描淡写的言谈中。黛玉一个人走了，宝钗故意跟宝玉说了很多的话："你正经去罢。吃不吃，陪着林妹妹走一趟，他心里正不自在呢。何苦来？""你叫他快吃了瞧黛玉妹妹去罢。叫他在这里胡闹什么呢？"这些话，不但有醋意讥讽宝玉的意思，还有让王夫人更惊心的功效，想那王夫人就因为宝玉和金钏儿说了那么两句话，就狠狠打了金钏儿，并把她撵了出去，王夫人又怎能看得惯黛玉对宝玉这样的辖制样呢？

这一段闹剧，曹雪芹写得非常含蓄，没有任何心理活动，若不细读，几乎看不出来黛玉和宝钗之间的暗中较量。在这里，她们俩都是挑事的人，而宝玉则是那个一直压事的人。黛玉对宝玉不依不饶，加上宝钗添油加醋，让本来就对黛玉有所顾忌的王夫人更加不舒服。而宝钗挑事，也让宝玉对她有了些许的不满意。当然，宝玉是不太在乎这些的，因此，在这一段公案里，表面上赢了的是黛玉，实际上赢了的却是宝钗。

黛玉的本心，当然不是想要挑事，她大多数时候的言行，都不过是有情而动，有感而发，顺着情绪去做，凭着感觉去说，完全不去考虑后果，不但没有想到别人的处境，也没有考虑到自己的这些话会让别人产生什么样的想法。因此，大观园里人只觉得黛玉不是个省事的主，却从来没有人说宝钗是个闹事的人。

我当然不是想要赞宝钗的挑事方法。看她只在家长里短中，就把别人编入自己的人生程序中，这一点，恐怕连王熙凤也难以与之相较。我们普通人，就更难有宝钗的这种心机了。我们无法拥有宝钗这样的心机，那就注意自己的言行，不惹事，不挑事，压事这种作为，我们还是能进行自我控制的。

总之，你可以坦率做人，直率说话，但记住，如果你不想惹上太多的麻烦，你不想被更多的人讨厌，最好还是要学会适当地闭嘴。

第五章

心不动，人不妄动，不动则不伤

佛说，一念执着便是伤。心动人则妄动，妄动则势必违背自然，违背自然的结果，就是让自己成为牺牲品。我们都是凡人，生活在荆棘丛生的社会，竞争、追逐、攀比，大概是我们难以躲掉的宿债，为了腔子里这口气，为了生存下去，为了存在的价值，我们少不得要在淤泥里摸爬滚打。

可是，越是经历过，越是受伤过，越是心动过，我们才越是有了看透尘世的能力，我们也才有了出世和入世的自由。活着，我们就得仍然在世俗的大海里荡漾，不必执着于虚幻。记住，心动不怕，心动之后不要妄动，就好。

你的明争，有多少折在别人的暗斗里

　　这是一个崇尚竞争的时代。职场上曾经流行过这样一句话：我们只看到老虎和羚羊角逐，有谁听见过老虎的抱怨？能征善战的，才能在这个高手林立的世界里生存，你若是弱者，那么就请你抱着让你惭愧的自卑，躲到角落里去哭吧。

　　我不讨厌竞争，争斗在一定程度上能挖掘人的巨大潜力，还能成为身在低谷中的人的动力。我多年身在低谷中，在多次哀伤感叹后发现，越是孱弱的人，越是要修炼一颗能争斗的心。那些真正修仙得道的人，可不是因为没有竞争能力，才隐忍出世的。可我始终觉得竞争之本，首先要学会不妄动。

　　林黛玉是世外仙姝，对世俗，她是不屑一顾的，然而，她的痴情，却让她成了一个挑事善斗的人。在爱情上的"情情"，让她忽视了整个世界，却始终躲不开宝玉这份感情的纷扰折磨。

　　黛玉的爱情观，就是明争。宝钗刚入贾府，黛玉的危机意识就已经出现了，但那时一切都还朦朦胧胧，只是在众人将自己与宝钗相比的阴影下，觉得气闷。送宫花一回，黛玉对周瑞家的那一番话，多半也是对宝钗不满的一种发泄。黛玉内心的意思大概是，宝钗一家人都是看不起她的人。黛玉是寄人篱下的身份，她又极其怨恨这一点，遇到事，自然会往被众人排挤上去想。如此想，还又不甘心，刻薄地说出来，又有点为自己纷争的意味。

　　在"黛玉半含酸"一回，黛玉对宝玉的那种独自占有意识就更浓。不但和宝玉宝钗就谁来谁走的问题磨了很长时间的牙，当对抗李嬷嬷时，她任性让宝玉继续喝酒，还对宝钗奉劝宝玉少喝冷酒的话冷言讥讽。宝钗则始终不动声色，用家长里短的理来服人，用宽容大度的涵养来笼络人心。

湘云到贾府来玩，黛玉见宝玉和宝钗一块来，就问宝玉从哪里来，宝玉说从宝钗处来，黛玉心里就有了梗，她马上出言讥讽，两人又吵起来，黛玉转身就走，也不顾湘云和宝钗。宝玉只好追出去道歉，犹自分辨不清时，宝钗来了，也不顾黛玉，拉了宝玉就走。没一会儿，宝玉又来，又向黛玉表白自己，说不管论亲戚关系还是情谊关系，都是他和黛玉更近些，"岂有个为他远你的呢？"黛玉啐道："我难道叫你远他？我成了什么人了呢？——我为的是我的心！"

曹雪芹不动声色，就把黛玉的性格行为进行了双向性剖析，黛玉善良吗？善良，一个对大燕子和春花都很用心的女孩，又怎能不善良呢？她教香菱学诗时，兢兢业业，尽心尽责。黛玉善解人意吗？善解人意，宝钗让一个婆子给送燕窝时，黛玉不但殷切道谢，和婆子聊了会儿天，听婆子说她们上夜斗牌的事，还赏了她酒钱（注意，这里说的是赏酒钱，而不是赏玩牌的钱）。可为什么我们粗看去，只是看到黛玉的刻薄、不通人情呢？就是因为她有一颗"炽烈的恋爱之心"。

贾母为宝钗过生日，宝玉过来叫黛玉过去听戏，黛玉很没好气，说："你既这么说，你就特叫一班戏，拣我爱的唱给我听，这会子犯不上借着光儿问我。"此时的黛玉又显得非常小气，似乎对贾母为宝钗办生日也极为不满，实际上，还是为的那颗心。

大家听戏时，宝钗给宝玉说《山门》这出戏的戏词。宝玉听了，喜得拍膝摇头，称赞不已，又赞宝钗无书不知。黛玉把嘴一撇道："安静些看戏吧！还没唱《山门》，你就《妆疯》了。"

宝玉从张道士那里得了一个金麒麟，贾母说好像有个孩子也带这个东西，宝钗立刻说是湘云有这个。探春夸赞道："宝姐姐有心，不管什么他都记得。"黛玉听了又不喜欢，冷笑道："他在别的上头心还有限，唯有这些人带的东西上，他才是留心呢。"宝钗金项圈的"婚姻宣传语"对黛玉的刺激着实不小，她一直耿耿于怀，在这里借机直接进行讽刺。此时宝钗的表现，更有深意，她明明听说，却"回头装没听见"。大庭广众之下，两人的表现也就立见高下。人们看到的是黛玉的刻薄，还有宝钗的涵养。

诸如此类种种行为，黛玉的明争，只有一种方法，就是直接印证宝玉的心，直接横扫靠近宝玉身边的宝钗和湘云。宝钗凡是说好的，她都说不好，凡是别人赞叹宝钗好的，黛玉就立刻进行讥讽。黛玉的讥讽之语，来得直率而仓促，根本就不管有谁在场，这话给别人一个什么印象。

就是在王夫人面前，黛玉也还是非常坦率，宝玉说能用三百六十两为黛玉配药时，宝玉说了一个十分荒谬的方子，问着宝钗，宝钗偏偏说不知道，幸好王熙凤替宝玉圆了这个说法。宝玉就向黛玉说："你听见了没有？难道二姐姐也跟着我撒谎不成？"黛玉只拉着王夫人的手说："舅母听听，宝姐姐不替他圆谎，他只问着我！"明明是和宝玉说话逗趣，黛玉却会拉着王夫人撒娇。而宝玉此时的举动，也的确是言甜意洽，竟然拿王夫人说错了的药名来取笑王夫人。虽然这中间夹着王夫人还有宝钗等人在，但却是不折不扣地两个人的情境。他们的眼里，恐怕只有对方，至于别人，都成了背景了。而在宝钗的眼里，虽然也看到了宝玉和黛玉的嬉笑，但她看到更多的却是王夫人。

另外，因为黛玉的明争方式就是直接印证宝玉的心，所以，她和宝玉一直走得很近。在"黛玉半含酸"一回，黛玉和宝玉临走前，宝玉戴斗笠，小丫头侍候得不周到，黛玉便亲自过来，给宝玉戴斗笠。戴好之后，还端详了一会儿。所有这些动作，都是当着薛姨妈和薛宝钗两个人做的。这倒不是作秀，她毕竟和宝玉从小一起长大，一个屋檐下，一个饭桌上，一个院落里，亲近是自然的。

黛玉和王熙凤就茶叶问题互相打趣后，有人来报舅太太来了，众人都出去见客。宝玉唤黛玉留下。王熙凤把黛玉一推，"有人叫你说话呢，回去罢。"黛玉虽然已经被王熙凤取笑了要她做她们家的媳妇，此时更是脸红不已，可还是留了下来。

在"史太君破陈腐旧套"一回，宝玉向大家敬酒，按照贾母的吩咐，宝玉一一按次斟上了。至黛玉前，黛玉却不能饮，她拿起杯来，放在宝玉唇边。宝玉一气饮干，黛玉笑说："多谢。"这可是贾府家宴，别说姐妹们在，贾母王夫人邢夫人王熙凤等奶奶太太在，还有外客李婶娘薛姨妈，等等都在。黛玉却和宝玉如此亲昵，大概也是情之所至，忘乎所以了。若大家都没注意也就罢了，偏偏此时王熙凤故意嚷着不要宝玉喝冷酒，想来不但王熙凤看见了，她这一说所有的人都会看见这一幕。贾母倒还罢了，那王夫人的心里肯定是咯噔一下，对黛玉的看法就更灰暗一层。

再说宝钗的暗斗，在黛玉面前，她也曾经有过那么几次明争，史湘云来的时候，黛玉和宝玉拌嘴，回屋去了，宝玉跟去，宝钗很快过来把宝玉拉走，完全不顾黛玉。但也只有这么一次，之后，她在语言上行为上，就一直使用绵软的技巧，尽显大度宽容的涵养，黛玉越是出言嘲讽，她就越是要故意低眉。宝钗此举，完全是为了征服人。她以为这样可以征服宝玉，可以征服贾府上下人等。

宝钗的暗斗，最根本的方法，就是连接关系、拉拢人脉。贾母给她过生日时，她选择的吃食都是甜软的贾母爱吃的东西，她点的戏剧也是贾母喜欢听的热闹剧类，在与贾母的沟通中，就更是言顺意合，揣度着贾母的意思而行事。对王夫人，她也是顺情顺意。金钏儿死了，王夫人在那垂泪自怨，宝钗就过来安慰姨妈，说金钏儿跳井根本不可能是王夫人的罪过，兴许是在井边玩耍失足掉进去的，就是真是她自己跳了井，那也是她糊涂。这一番话，虽然我们读者看来十分寒心，但却极入王夫人的耳。加之临走前宝钗又解决了王夫人想要送金钏儿衣服的问题。王夫人对宝钗那看法，就更是又喜又爱了。

对待元春，宝钗更是怀着崇拜艳羡的态度的。宝玉写了"红香绿玉"的诗词时，她马上就说元妃不喜欢，让宝玉改掉。在元春送来元宵灯谜时，明明是一看就猜出来了，可她故意要沉吟思索一番，仿佛这谜题出得极为深刻，然后才假装得了谜底。

除了贾母和王夫人元妃，宝钗对袭人也极施恩惠。从袭人因为湘云为宝玉梳头而向宝钗抱怨时，宝钗就发现这丫头倒有些见识，她"在炕上坐了，慢慢地闲言中，套问他年纪家乡等语，留神窥察其言语志量，深可敬爱"。那之后，她对袭人极尽拉拢之能了。湘云送戒指给袭人那一回，袭人说，宝钗早就给她送来了一枚。

黛玉的确是赢了爱情，可她其实输了一切。倘若没有贾母这样的靠山，别说她和宝玉成婚，恐怕连恋爱都是难以为继了，在大观园里，大约也会备受欺凌，常遭白眼儿了。

有个商场名人说：一个有心计的人，最不怕的就是对手张牙舞爪的耍聪明，他最怕的，是对手悄没声息地暗中筹划。这用来形容黛玉和宝钗，再合适不过，在爱情里的黛玉，就是那张牙舞爪地耍聪明，而薛宝钗，则是悄没声息地暗中筹划。

当然，在曹雪芹的笔下，不管是这明争的，还是暗斗的，最后都难如意，都是悲剧一场。当大地白茫茫一片真干净时，他才发现，一切都不过是梦幻泡影，你的欲望越大，你被欲望折磨的机会就越多，而你失去的东西也就越多。最好是心不动，意不动。

如果我们做不到这些，为了生存，我们还得要不停应付各种争斗，那么我们最好不要肆无忌惮地争斗。要知道，明枪易躲暗箭难防。你再有本事，你再有把握，你也还是要学着借一点暗色，遮遮自己的光，压压自己的彩，别在明争中让自己成为众人的靶心。

爱情，原罪，救赎，孰是孰非

很多人都说黛玉和宝玉的爱情是那个时代的悲剧，当封建礼教荼毒人们的心灵，青年男女自心而发的那种纯洁的情谊，对被荼毒心灵的人有毁损之感，而对充满朝气想要呼吸新鲜空气的人，则有鼓荡震动之意。这样说，当然很对，但也存在问题。难道当代社会中的爱情，是没有悲剧性的吗？

门当户对的观念，似乎早就打破了，男孩女孩，可以直接畅快表情达意，可又有了丈母娘干扰商品房。没有了礼教制度的束缚，年轻人的恋爱还是不得自由啊，在生活中拼搏的艰难，让他们不得以在爱情上一定要扣上经济压力的帽子。有多少情投意合的恋爱，就是在这样的经济压力下，灰飞烟灭了？又有多少明明有着风清云秀精神世界的女孩子，为了一生的安稳，宁肯投进泥湖，大讲那词不达意的爱情心经的？

抛开经济，现代人的恋爱也还是由不得自己。网络、媒体早就如潮水一样席卷了整个社会，还过着小学生活的小孩子，恐怕也早就知道亲吻的另一层意义。情窦初开的孩子们，又有多少首先是被身体欲望吸引了去才爱的？

看古代小说，人们总是觉得现代社会好，恋爱自由、婚姻自由。这自由，又有多少成了人们放纵色欲的借口？从一而终的封建礼教固然不好，可难道现在这种见一个爱一个的所谓自由恋爱，就真的已经达到了爱情的至高境地了？情欲上的放纵，不但让人的品质变得下无底线，还不知道带来了多少家破人亡、妻离子散呢。

如今的情人节简直比太阳升起的日子还多，可有多少是刺激了经济的发展，而从根本上与爱无关呢？女孩一生，若没得到几年几十车的鲜花，若没得到过几十斤重的巧克力，若没得到过看几百场风流电影的机会，若没有去过几十次高档餐厅就餐，有几个女孩觉得这爱情是有滋味的？

到底什么是爱情？人们为什么会有爱情？爱情到底是一种消费，是一种累赘，还是一种装饰，是一种名头，抑或是一种欲望，是一种发泄？

我们当然都向往那种灵魂互相得到激荡的爱情故事，就如电影《原罪》。一个完全不知道爱情为何物的刚硬果敢的富商，不经意间就被那个买来的新娘偷走了心，变卖了灵魂。明知道她是个爱情骗子，明知道她还有一个贴心的男性共犯，甚至还知道她为他准备了毒酒，可这个已经被爱情锁住的男人，只是痴心地看着她，想着她，听着她，任由她胡作非为，还配合她，吞下她喂他的毒酒。他告诉她，他知道她的一切，但他只爱她。她的欲望、诱惑，到这里，成了他的死局，可他的贪心、执念，到这里又成了她的痛楚，点醒了她沉睡的纯粹的爱。她猛回头，为了他而不惜犯罪，为了他而不惜毁掉自己之前一切的欲望。

影片的意义，大概是讲，她的原罪，在他这里得到了救赎。可问题是，他的原罪呢？那种为了爱而销毁自己，为了爱而放纵爱人的原罪呢？他用爱换回来的她，依然是充满原罪的，依然是一个处处犯罪的女人，只不过，这回，不是为了她自己，而是为了他。可她生活的实质，又有什么不同呢？

《原罪》有一句经典的台词：爱，是永远的付出，欲望，则是不断索取。付出的，就都是对的吗？索取的，就一定是错的吗？

黛玉的爱，就是一种超然的付出，曹雪芹为她设定的一个付出形式就是"还泪"。可她的还泪，却分明地又让宝玉闹出许多眼泪，甚至许多病症来。这哪里是还呢？分明是索取嘛。可那颗焦灼的恋爱之心一日在胸，她就一日做不得自己的主，明明是谨言慎行、知书达理的贵族小姐，却变成了一个连她自己都时常感觉后悔的刻薄丫头。

宝玉参禅时曾有偈语："你证我证，心证意证。是无有证，斯可云证。

无可云证，是立足境。"黛玉批评说："无立足境，方是干净"。可恋爱中的的黛玉和宝玉，不是时时事事都在你证我证、心证意证吗？当两人都已经试探出对方的真心后，本来已经心安意定，可最后怎么样呢？并不干净，反过头来，还是要继续你证我证，心证意证。

现实中的男女，就是结了婚的，不管自己是否有爱意，一定要不停地寻问甚至是讯问对方"你到底爱不爱我"。只要一天心不静，那就永远无立足境，永远不得干净，永远要你证我证。

沾染了世俗的爱情，固然不美，可天真纯粹的爱意，也不干净。黛玉若不是一心只有个"情情"，也不会最终枉送了性命，也不会让她成为宝玉一生的痛。还让一家子，包括贾母、王夫人、薛姨妈一干人等都受其影响。

因此，可以说，爱情，本身就是一种原罪，不管你是受社会意识的影响，在一个框架里规规矩矩的恋爱，还是只为自己的一颗心动，而与世俗欲望冲突着爱恋，爱情，都是一种原罪，一种可以消磨掉你自己的原罪。

可是反过来说，这个消磨掉的你自己，如果只是社会规范中的你自己，是一个框架中的你自己的形式时，那么，你恰好迎面撞见了真实的你自己。常常听哲学家们讨论"真实的自己"，我却始终不知道什么叫真实的自己。现在想来，当你完全没有了什么规矩和限制的时候，你甚至有点身不由己的感觉的时候，那个你，才是真实的你自己。这爱的原罪，仿佛又成了你自己的救赎。

难以说清，难以解明。爱，本身就是说不清的东西，受世俗束缚的爱，未必不是爱。你若看宝钗，不管是羞笼红麝串也好，看宝玉红着脸说的那番心疼他的话也罢，哪里是没有爱意的呢？她的爱，似乎带着原罪，可在这原罪里，又有几分是对自我那颗受束缚的心的救赎呢？一个处处约束自己远离宝玉的人，却说出来那样一番亲密的话语来，这难道不是一种自我救赎吗？

常有人说，哪里就懂爱了，哭也罢，笑也罢，大家不过是那么着过来罢了。的确如此，很多人，就连自己也弄不清那个爱的念头，到底只是应付世俗生活，还是真的走进了一个更高的自己的境界。只是觉得心动，只是觉得心痛，只是觉得受到干扰，只是觉得常常烦躁。

看来，爱，心动了，就是一种妄动。

不出于有心，就会失之于无心

蒲松龄的《聊斋志异》里有这样一句话：有心为善，虽善不赏；无心为恶，虽恶不罚；无心为善，应予重赏；有心为恶，应予重罚。似乎很有道理。

我们都知道，宝钗善解人意，善良得体，善于笼络，她的善，未必没有真心，但她的善，是有心为善。

笼络湘云和岫烟，是拉她们来当知己，但这知己也只是单向的知己，你只见岫烟和湘云对着宝钗诉苦，说自己最难言的心里话，你却很难见到宝钗跟这两个人说什么心里话。在元妃送宝钗和宝玉同样的节礼后，有这样一段话："宝钗因往日母亲对王夫人曾提过'金锁是个和尚给的，等日后有玉的方可结为婚姻'等语，所以总远着宝玉。昨日见元春所赐的东西，独他和宝玉一样，心里越发没意思起来。幸亏宝玉被一个黛玉缠绵住了，心心念念只惦记着黛玉，并不理论这事。"宝钗焉能没有心事？哥哥是那副样子，选秀遭遇挫败，母亲和王夫人倒是有心，可她自己到底有什么意，她却从来没有跟任何人说。所以，湘云认宝钗是知己，可她完全不知道这知己的想法。

宝钗笼络王夫人和贾母，可以说是出于情分。她一个亲戚，住在这里，虽然吃穿用度不花费贾家，但到底是仗着贾家之势来的。所以，于情于理，她都该如此。凭这些，还很难断定她就因为想要做宝二奶奶才如此费心，但是她又的的确确处处留心着贾府的事情。虽然自云守拙，到底有那么几次直接插手管理贾府。而且宝钗特别留意笼络袭人，不但常去和她说话，还替她做活计，那活计，可是宝玉的活计。如此种种迹象，你要说她无心坐宝二奶奶的位置，似乎又说不通。

宝钗的善解人意，又实在是只为有利益一方的善解人意。特别是金钏儿跳井一事，她在王夫人面前的那片说辞，则明显让人看着有些心寒，而且越看越像是伪善，为了维护王夫人的尊严，她是连一条人命都不在乎了。

同样在这件事上，黛玉被王夫人说成是连衣服给金钏儿都要忌讳的人，可宝玉出去祭金钏儿，别人都在忙着给王熙凤过生日，并没有理会他，只有黛玉很有心，知道宝玉必定是为金钏儿而去。于是就出现这样一幕：

姐妹们一处坐着，同众人看演《荆钗记》，黛玉因看到《男祭》这出上，便和宝钗说道："这王十朋也不通的很，不管在那里祭一祭罢了，必定跑到江边上来做什么！俗语说：'睹物思人'，天下的水总归一源，不拘那里的水舀一碗，看着哭去，也就尽情了。"这话虽然是说给宝钗听的，宝钗却未解其意，也没有答言。倒是宝玉听了，深觉有道理，在那里思前想后，待了好久。黛玉哪里会不通情理呢，她有洁癖这是一定的，但她对生命的态度，却极为尊重。也正是这一点，才让宝玉觉得黛玉深为敬爱。

再回头说黛玉的为人。黛玉是最真挚最高洁也是非常善良的，但她并不刻意为善，在宝钗的刻意为善面前，倒处处显得她刻薄了，你看她教香菱诗时的认真严谨的样子，闹着袭人叫嫂子的娇弱甜蜜的样子，你就可知她的那颗心不假了。

当人们看透黛玉的本质时，就更容易喜欢黛玉，而难以亲近宝钗。曹雪芹笔下的黛玉也的确比宝钗高出很多，黛玉是"世外仙姝"一尘不染，而宝钗则是"山中高士"，隐而代发，急于入世，急于展翅高飞。

我初读《红楼梦》，也常常想着要把宝钗和黛玉分个高下，我喜欢黛玉的高雅淡泊，也喜欢黛玉的直率坦荡，还喜欢黛玉的痴心诚意，更喜欢她的超逸才华，可是看到她的刻薄处，看到她的伤人处，就又想起宝钗的种种好。

黛玉做过很多让周围人受伤的事情，宝钗自不必说，金玉良缘带来的困境，让两人之间必然会有一争，可怜湘云、彩云还有晴雯等，却因为黛玉的小性儿、爱恼人受到牵连。黛玉抓住湘云"爱哥哥"的说法取笑；被晴雯拒之门外后让宝玉教训一下他的丫头们；和宝玉打趣，结果说重彩云偷"茯苓霜"给贾环的事，都不能算是有心为恶。至于周瑞家的和李嬷嬷，说起来大概就更委屈了，黛玉在这两人面前说的话，简直就有以势压人的姿态，很是要不得。

每当看到黛玉这样的情形，就又觉得还是宝钗好。宝钗虽是刻意为善，可她的确在做善事，而且的确算是深知人心，她帮人总是能帮在最短处，对湘云和邢岫烟的苦楚深表同情，让你由不得对她赞叹。宝玉对她虽然敬爱，但为了黛玉，却有几次得罪她，她也是一转身就忘了，还是照样和姐妹们说说笑笑。尤其是对林黛玉，那次关于《西厢记》的审讯，不但让我们看着敬服，就连黛玉，也终于在宝钗面前软化了。

很多人认为黛玉太傻了，宝钗巧妙地卖了这么一个好，就买下了黛玉的心，从此以后，黛玉对宝钗，再也没有任何猜疑，再也没有任何刻薄。莺儿奉宝钗之命来替湘云要蔷薇霜，黛玉对莺儿这样说："我好了，今日要出去逛逛。你回去说与姐姐，不用过来问候妈了，也不敢劳他来瞧我，梳了头同妈都往你那里去，连饭也端了那里去吃，大家热闹些。"不但尽释前嫌，简直就拿宝钗和薛姨妈当成自己的亲姐妹和亲妈妈。这种在薛姨妈和宝钗面前的驯服和温柔，让人看着又着实着急，江湖险恶不知道吗？

可是有意思的是，脂砚斋的批语中曾经说过钗黛本为一，在"金兰契互剖金兰语"一回，批语是这样的："钗玉名虽两个，人却一身，此幻笔也。今书至三十八回时已过三分之一有余，故写是回使二人合而为一。请看黛玉逝后宝钗之文字便知余言不谬矣。"在警幻预言中，黛玉和宝钗的判词的确是合二为一："可叹停机德，堪怜咏絮才。玉带林中挂，金簪雪里埋。"那么曹雪芹为什么一定要钗黛和解，还要钗黛合一呢？

单拿出哪一个，都是既让人爱也让人受伤的，宝钗虽善，却是故意为善，黛玉的恶，虽是无意为恶，可到底是恶。俗语说，不出于有心，也会失之于无心。世界上有很多无心而为的恶，害人害己，闹到最后不可收拾，甚至让人抱恨终身，这难道不可鉴吗？如果这个世界上真存在黛玉和宝钗的合体，那岂不是就是完美无瑕了？

可这是现实吗？在《红楼梦》曲中，曹雪芹又如此写道："都道是金玉良缘，俺只念木石前盟。空对着山中高士晶莹雪，终不忘世外仙姝寂寞林。叹人间美中不足今方信。纵然是齐眉举案，到底意难平。"读到这句，我不禁想起张爱玲的"也许每一个男子全都有过这样两个女人，至少两个。娶了红玫瑰，久而久之，红的变成了墙上的一抹蚊子血，白的还是'床前明月光'；娶了白玫瑰，白的便是衣服上沾的一粒饭黏子，红的却是心口上一粒朱砂痣。"

当然，曹雪芹的境界不会如此，我的意思也不在此，我是想，如果我们在为人处世方面，既能保持一定的纯洁淡泊，又能做到有心有意，那我们的人生，岂不是完美了？

但再想想，这大约也是我的痴心了，没见哪抹蚊子血会变成朱砂痣，也没见哪粒饭黏子能幻化成"床前明月光"。

如此说来，心动，则妄动了。我对着林黛玉说东道西，又扯着薛宝钗谈长论短，这妄动，实在是罪过。

我心里的话，我心里的苦，你若懂，我就不说。你若不懂，我就更不能说了。

心不动，如何让美丽长久流动

仓央嘉措曾经说过这样的话：

佛曰：人在荆棘中，不动不刺。人曰：人在莲台上，不动即佛。佛曰：心在俗世中，不动不伤。人曰：心在俗世外，不动即亡。

我是彻头彻尾的凡世俗人，别说黛玉的"无立足境，方是干净"不懂，就是宝玉的"无可云证，是立足境"也是难以体会。那些超凡脱俗人的境界，又哪里是我这样的人可以参悟的呢？我倒是想要干净，可我唯一能想到的办法就是让大脑空洞下去，让身体也麻木下去，与世隔绝，人如果少是无非，大概也就成了行尸走肉，离死亡不远了。因此，我看到的佛，只是莲台上的佛，我所憧憬的心静，也是世俗外的心境。可我们生活在世俗中，我们该怎么见佛呢？我们该怎么去除烦恼，怎么消化悲伤，怎么应对劫难呢？

让自己心死吗？可如果心都死了，那么世界又能成为什么世界？我们都是凡人，即使每天受尘烟污垢之扰，可依然还是难以割舍对这个世界的情感，就是因为在我们的眼中，世界纵有万般不是，也还是有那么几种美好，让你难以忘情。

仓央嘉措是个情僧，想以他那样的才思和修为，该是能理解曹雪芹这本曾经更名为《情僧录》的著作，自然也能了解宝玉和黛玉关于有证无证的讨论了。

宝玉参禅时，宝钗自认为这是疯话了，黛玉则有更高的见识和觉悟，只是，即使她很是明白"无立足境，方是干净"，她还是用这些话来打破宝玉企图参禅觉悟那乍现的灵性。为什么呢？

黛玉和宝玉，都是仙界来人。宝玉是女娲补天之顽石，因具有灵性，一直在仙界行走，后来到赤霞宫做神瑛侍者，因偶动凡心，故要下届历劫。而黛玉则是三生石畔的一株仙草，因常得神瑛侍者的灌溉，终于修得女体。因深感其恩，听说神瑛侍者要下凡历劫，她便也跟着去了却自己的这段情感。

可以说，两个人都是为了情而来，自然要待情静才能去。而且，仙界之人，对人世间的无中生有的烦恼，自是了如指掌。可既然是主动投胎，既然是为历劫而来，那就必得做好经受感情折磨痛苦的准备。苦海无边，回头是岸，只对已经有了磨砺的人才有效。觉悟成佛，有三万六千法门，佛之觉悟，也该是有多重境界的。想来这历经磨难，也该是一种觉悟之道了。

唐僧的西游，不知道给我们后世人带来了多少快乐，而仓央嘉措的痴情，宝黛的爱情，也同样让我们这颗正在历劫的心，有感而动。为神瑛侍者的那一场心动而动，为绛珠仙子的那一份感动而动。

如我这样的凡胎，在读《红楼梦》时，不知道要陪着掉多少眼泪。就是黛玉一人，在来往穿梭的人群中，也足够让我牵肠挂肚的了。她笑，要跟着她笑，她哭，也为她而哭，她恼，又怨着她恼，她直率，又担忧着她的直率。如我这样读红楼替黛玉而忧的，又不知道有多少人了。

曹雪芹已经仙去很久，可关于《红楼梦》的故事，却甚嚣尘上。那红楼顶上又高出绿楼花楼，那宝黛的爱情故事，又沾染了世俗，又泊进了时尚。喜欢林黛玉的，摇旗呐喊，怎么看林黛玉，怎么是好的。尖酸刻薄是好的，小性儿是好的，就连对刘姥姥的不尊重也是好的。若真论开去，也是二三四五，理由充分，证据确凿。这是喜欢黛玉的。那些不喜欢黛玉的，又另有一种心态，另有一套说辞，用词狠毒的，温柔委婉的，也是言辞凿凿，不容反驳。其实说到底，那还不是我们脑子里的幻想，是我们把我们自己的喜好情感都倾注在了黛玉这样一个艺术形象，倾注到曹雪芹这本巨著中。

可很有意思的是，当我们过于迷幻于自己的情感时，我们对曹雪芹的理解，就会出现偏差，我们对黛玉这个艺术形象也就失了公允性。我曾见过一些"红迷"，公开宣称，林黛玉根本就不配做主角，而且曹雪芹根本也不可能让这样一个很没品位的人物做主人公。那么主人公应该是谁呢？自然非薛宝钗莫属了。只有让这样一个雍容大度的人物来平衡整个作品的尖刻性，这个作品才有现实意义。这些"红迷"，为了让薛宝钗成为光明正大的主角，还赋予薛宝钗一个特殊的身份，那就是薛宝钗就是神瑛侍者。

贾宝玉说到底，不过是那块顽石，他不会是神瑛侍者，因为神瑛侍者至少是仙人，不会那么混沌痴傻。而且，在梦游警幻一节，警幻仙子称宝玉为"污浊之物"，不识得他的身份，所以，可见他不是神瑛侍者。

而且，宝钗博学多才，纵黛玉有千般才思，却有很多场比试，都败在宝钗手里。宝钗一直是不动声色，自云守拙，可是很多典故她都知道，很多知识她都晓得，比如药理她知道，绘画她知道。这样一个宽容大度而又极具涵养的人，她是真心呵护黛玉和宝玉，而黛玉却是把她当成情敌来看，以至于因为她而流了很多眼泪。

这样的说辞，显然有些一厢情愿。想曹雪芹在开篇就已经交代得很清楚了，"只因当年这个石头，娲皇未用，自己却也落得逍遥自在，各处去游玩。一日来到警幻仙子处，那仙子知他有些来历，因留他在赤霞宫中，名他为赤霞宫神瑛侍者"。这就说得非常明白了，那石虽是顽石，却因女娲溶石化身而具有了灵性，因此，可以在赤霞宫做个神瑛侍者。虽然宝玉梦游警幻时，警幻仙子说他是浊物，却也正该如此，他本来就是顽石，这未必表示警幻仙子不识他为神瑛侍者，因为警幻仙子一直在着意点醒他。

这又是人的自我情感在作怪了。心一动，就生出诸多妄动，结果为了排斥黛玉也好，为了另辟蹊径也罢，非要妄自给《红楼梦》安排另一个结局。

仓央嘉措曾经说过：你见，或者不见，我就在那里，不悲不喜；你念，或者不念，情就在那里，不来不去。曹雪芹的心思就在文章中，我们看得见，看不见，猜个正好，或者背道而驰也罢，斗不过是我们的心思，与曹雪芹无关。曹雪芹笔下的黛玉，不管你喜欢也好，不喜欢也罢，她都是一个已经十分丰富的人物形象。至于你的说辞，只是你的心动而已。

这似乎又是我们的执迷了，很多红学专家，倾尽多年心血，研究曹雪芹的心思，可最后他们得出的结论，常常让人们哭笑不得，甚至被一些刻薄的人咒骂，实在是委屈。可你若只做一个冷静的旁观者去看，不管这些专家们得出了什么样的结论，对也好，错也罢，又有什么关系呢？错了，难道就辱没曹雪芹的思想了吗？未必，想曹雪芹若真地下有知，知道这么多优秀的人才，为他的这部作品而呕心沥血，大约心里也只有欣慰的吧。

我们不是曹雪芹，我们没有经历他那样的成长环境，没有他那样的文学才思，我们再怎么引经据典，再怎么沿着历史的痕迹摸索，我们也还是难以了解他的胸怀、情态，也还是难以了解他的笔触、情思。

我们也不是黛玉，我们没有经历她那样的成长环境，没有她那样的情感才思，我们的喜恶都是因为我们当下的环境中培养出的心态，我们的理解也更多地受限于我们当下的环境和意识。

因此，如果你为黛玉而心动，那么你不妨静观发生在她身上的一切。即使你为黛玉而头痛，也没什么大不了，她到底有她的人生道路，我们的恨怨，影响不到她。

世事不都是这样吗？不管我们是否是当局者，我们如果能越开去看待一切事，一切物，一切人，那么我们又怎么会当局者迷呢？

心安，流浪天涯，处处是家

林黛玉，乍进贾府，本来该是寻了根，安了心的，可偏偏她又是多心人，多思多虑，战战兢兢，话不敢说得圆满，事更是不能做得出头。只当身居是客，随时随风飞远。纵是有个知心的宝玉，也还是常常涕泪涟涟。那样的小心翼翼，着实地惹人心疼。

寄人篱下，仰人鼻息，的确可以生发出各种各样心酸的故事，表面看都是近亲，筋连着筋，可实际上总有个人心隔肚皮。多了点火，看着分明就是怒气，少了点盐，品后总是会反酸。不是自己的归处，享受再多的侍奉，也还是不能安然。

这当然是一理。可这世上从来就不缺流浪人，东奔西走为理想而战的有之，南上北下被命运折磨的也不少。翻一翻唐诗三百首，再看看宋词一百篇，时不时就是一两句痛恨流浪的感叹，明明写的是风景，可你读出来的，也还是有那么一股浓浓的愁怨，正如"风急天高猿啸哀"，伤情之处，风也是急的，天也是远的，就连猿声，本来无喜无悲，可听进去，就是一个伤怀。

想大名鼎鼎的苏东坡，做了官，深受百姓爱戴，羁旅行役时，也还是忍不住说："此生飘荡何时歇？"但这样的感叹，在柔弱的女子柔奴面前，居然叹后为之一转，转为"此心安处是我乡"。

柔奴，不过是一个歌女出身的小妾。这样的身份，家的滋味大概很少体会过，加之一生都是为别人而欢歌，悲泪只能暗中淌，看尽人生百态，早知世态炎凉，嫁作王巩妇，也还是身不能安然。苏东坡"乌台诗案"连累到了王巩，柔奴也只能跟着王巩奔走他乡。

如此的身份，这样的命运，一张口，该会大放悲歌，涕泪涟涟。然而她不。她"自作清歌传皓齿"，她"万里归来年愈少"，微笑也是"犹带岭梅香"。她何以有这样悠闲的姿态？她何以能成就如此不老的容颜？

苏东坡招待王巩柔奴两人，自然是忍不住要问的，柔奴笑答："此心安处是我乡"。一语既出，让苏东坡豁然醒悟。

柔奴自是如此，而她的夫君王巩更是容颜胜当年，才华更突显。一个女人的心安，也会感染一个男人的心态，心安即幸福。看似落魄又怎样，整日煎熬又如何，只要把心留住，遍走坎坷，遍尝苦味，也还是能够幸福满满，也还是能够体会春风的悠闲以及明月的浪漫。

柔奴和黛玉，一个是歌女小妾，一个是公侯小姐。相较之下，本该柔奴更像飞花，别说狂风卷地，就是东风多情，也会让这娇花落地，水湿泥染。然而事实恰好相反。享尽荣华、赏花颂月的林黛玉，反而更像是飞花，"一年三百六十日，风刀霜剑严相逼"。而柔奴呢，纵成落花飞絮，也还是能留有余香。那姿态，就像，我坐在这里，和风吹过，暴雨扫过，百花开过，还有人经过，我还是一个我。这样的雍容，这样的闲逸，若黛玉能够体会，也不会有那样一种悲剧的结局了。

心安是本，看来真真不错。白居易也曾经说过，"我心本无乡，心安是归处"，"无论海角与天涯，大抵心安即是家"。越是经历过风雨的人，反而越执着于彩虹的静美。人生本来就是一场流浪，柳翠风和的光景有，九州风雷动、横雨压孤鸿也很多，生活大抵如此，总有那么一场伤心痛肺的遭遇，让你无法躲，让你心不得安，夜不得眠。

可再怎么颠沛流离，再怎么人生失意，蓝色的天也还是罩着你，通红的日头，也还是暖着你，就连明月的清辉，寒了，冷了，也还是会给你送上一份恰到好处的闲适。嫦娥送上门来，执着在不如意上，倒不如剪一缕月光，与之共舞。只需心随美好，无悔人生。

小城里有个女人，人穷，智短，貌丑，心却安。从前，她没有一个好学历，嫁后，也只是够生活。在小城里蜗居着，也还是免不了个漂泊不定，今日有了工作，明日打了饭碗，要么就是从安静的案头，降到灰土飞扬的车间。

同学们聚会，常常都嫌她太过寒酸，敬了酒，也还是忍不住翻一个鄙视的白眼儿。可她就是看不见，朋友来了，喝得痛快，敌人来了，一样玩得欢乐。同学们虽然习惯了她的这份恬淡，可还是送给她一个绰号"缺心眼子"。

我也是经历了若干种颠沛流离的，我也是品尝过各种酸甜苦辣的。站在她的面前，我一点都不觉得她寒酸，相反，我却觉得她有一种浩然之气，还有一种恣意的意境。当我被我的境遇所累而悲伤欲泣时，我总是喜欢给她打电话。我们不说什么大道理，我们也少脸红脖子粗地喊加油励志，我们只是聊天，聊青菜的价钱，聊孩子的甜言。说着说着，我的苦，我的痛，就都慢慢遁了形，消了迹。我不再是苦瓜一个，反而能像西瓜一样把自己过甜。因此，我常常如此比喻她，我说她就像冬日里那一抹微暖的红云。

她的好，并不只有我一个人知道。她是在小城蜗居，可她的朋友却遍布大江南北。就在某一个夏天，她一个人带着一个简单的行李，从中原北上，直奔哈尔滨，然后又杀到草原，骑过了马，住过了帐篷后，转而东出渤海，去了韩国，在韩国为自己割了个双眼皮，又飞到云南。

她是一个人在外面悠闲地玩得欢，我却一直担心她的钱袋子会绊住她的脚步。她不是有钱人，她几乎没有能力外出旅行，可她玩遍了大半个中国，还到国外去游览。想来她这是发了横财，否则，又怎么能这样逍遥自在？

可当我问起此事，她说："我就没有花多少钱，我所到之处，都是朋友请客。"我大为惊异，脱口而出："你怎么会有那么多好朋友？再说了，谁能是真心款待你，你可别天南海北走一遭，从此就把朋友都抵消。"

我的意思是，这是个浮躁的时代，世人各有各的算盘，谁还有这样纯真的一种招待？我是浅薄的人了，我自有世态炎凉的伤。可我更担心的是，她太过单纯，看不到眉高眼低，被人小视还当作热情洋溢。

　　她想了想，问我："我在你这，你也是不计报酬地招待我，那么，你是真心的吗？"这还用说吗，我如果没有真心，我也说不出这样的忠告了。被她这样一问，我都急了，脸红着回答说当然是真心。她笑了，特别纯真，她说："那么，就对了。"

　　这回答不像是回答，这回答更让我茫然。可她走后很久，我才恍然大悟，我之所以那么认真招待她，是因为跟她在一起，我觉得安然。我如此安然，别人，她的那些朋友们，也必然如此安然。问题不在她有多少交友之道，世态也管不了她的那一点寒酸，她是那种活在哪里都安心的，她的气场本身就是泰然。以我这样，计较着长短，衡量着情分，又哪里能懂她的那份泰然呢？

　　想起蒲公英，花开一季，散天入地，看似身无居所，实际上却拥有整个世界。没有胸怀没有眼界的，如我，看它总是看作悲哀！看来，生活既可以是悲剧一场，也可以是美梦正酣。正需要我们梦里不知身是客，一晌贪欢！

我不是林黛玉

第六章

拥有一切不代表什么，
一无所有也没什么可怕

　　道家哲学中有这样一种思想：有即是无，无中生有。无中生有，很好理解，道生一，一生二，二生三，三生万物。而有即是无，也不难体会，正是一切有为法，如露亦如电，应作如是观。

　　我们每个人都站在正当时这个时间点上，我们每个人都在经营着我们当下的人生。可有谁能永久站在一个时间点上，有谁是能永远住在当下的人生中呢？正是手握浮沙，不可太过执着；水中观月，不能权作一体。既然如此，当我们一无所有，又有什么可怕？当我们拥有一切，又有什么可观？人生不过是细水长流，走过，看过，玩过，学过，然后一带而过。

花开成景，花落成诗

"花谢花飞飞满天，红消香断有谁怜？游丝软系飘春榭，落絮轻沾扑绣帘……"这是黛玉的葬花吟。吟的即是飞花，也句句让人伤感。飞花谢幕而去，飘飘散散，无根无缘，无依无恋，好风来，尚得旋舞，恶风至，一忽不见。

看飞花世界，想自己人生。黛玉葬花，埋的是飞花，哭的却是自己。"愿侬此日生双翼，随花飞到天尽头。天尽头，何处有香丘？未若锦囊收艳骨，一抔净土掩风流。质本洁来还洁去，不教污淖陷渠沟。尔今死去侬收葬，未卜侬身何日丧？侬今葬花人笑痴，他年葬侬知是谁？试看春残花渐落，便是红颜老死时。一朝春尽红颜老，花落人亡两不知！"

枝头上的鲜花，正是拥有一切的主宰，地为之基，天为之亮，雨为之新，人为之赞，正是一朵花开，得了世界。可一旦随了东风，飞落尘埃，立刻被来往众人脚踏入泥，世界还在，只是一切都不再是从前。花瓣正艳，转身却已经是了断尘缘。这样的场景，别说听了、看了，就是想想，也易让人心酸。因此，人多恨春，恨春来时不动声色，恨春走时又心狠手辣。

可春到底是回春，花到底是开花，为什么我们只剩春之恨，却再也想不到春之动呢？当大地回春，万物苏醒，荒草渐绿，鸟试初音，清云散雾，嫩蕊滴滴，那是何等的恣意，又是怎样的温暖？天也高，风也远，走不尽的楼头，看不够的栏杆！笃定了春去，到底又有春回。再也不似这花未开盼花开，花即开又惊花落那样的仓皇而惊惧了。

就是春尽花落，又能怎样？就是流水无情，也不必介意。零落尘埃，不是说落红不是无情物，化作春泥更护花吗？到了尽头，也还是有一个去处，又有什么好担忧的呢？又有什么好恐惧的呢？又有什么好悲叹的呢？

花开成景，花落有诗，这是花意，也是人生。只可惜那么聪慧的黛玉，只看到花落，却想不到花开，只看到落花飘零，却看不到落红一样有命，一样可以生存。

黛玉葬花时如此说："一年三百六十日，风刀霜剑严相逼；明媚鲜妍能几时，一朝漂泊难寻觅。"不但明媚鲜妍短暂，就是花开之际，也是不能安然。这就未免太过悲观，有点只见枯木不见绿林的偏见。

想那黛玉，除了飞花，又经过几次人生的寥落？母死父丧，这算是人生的至大挫折了。进了贾府，寄人篱下，这又是一重感伤。我们已经说过，在《红楼梦》里，比这境遇还不好的，还有个史湘云。史湘云看飞花也会有感伤，可那感伤也只是应景的一点情绪，并不将之应用于生活，用史湘云的话说"我没有那样心窄"。

其实，黛玉在贾府，有贾母的保护，无人敢忤逆她半点，差不多也是拥有一切，她过的是无忧的日子。查抄大观园时，迎探惜春加上宝玉那里都闹了个底朝天，潇湘馆里却极是肃静。那王熙凤一到潇湘馆，就把黛玉安抚住了，根本就不让她知道。王善保家的从紫鹃的房里搜出一些男人之物，王熙凤也都用是宝玉的东西压服住了。可黛玉常常只见自己身世伶仃的悲苦，见不到被人溺爱被人保护被人赞叹的美好。在黛玉眼里，她始终就是个一无所有的，可这一无所有又还不是了无牵挂，而是孤寂愁苦。

众姐妹咏海棠时，黛玉这样写道："月窟仙人缝缟袂，秋闺怨女拭啼痕。娇羞默默同谁诉？倦倚西风夜已昏。"满纸的愁怨，字字孤寂，句句幽怨。黛玉那娇弱、不胜清风的样子，在诗里再现。

再看宝钗咏海棠："淡极始知花更艳，愁多焉得玉无痕。欲偿白帝宜清洁，不语婷婷日又昏。"她明确表态，她只喜欢淡然地面对生活的一切，不愿意做多愁善感之态，这才是一种清洁，这才是一种强悍。

相比黛玉，宝钗难道拥有一切吗？似乎是，家里有疼爱她的母亲，又虽然混不懂事却也算护着她的哥哥，在京城还有房产有生意。可细想来，论起风刀霜剑，宝钗是要比黛玉经历得还要多，还要让人无可言说。最典型的，当然就是宝钗的选秀。

宝钗对选秀是充满了期待的。在元妃省亲的时候，宝钗在和宝玉对话时，有这样一句话："谁是你的姐姐，那上面穿黄袍的才是你的姐姐呢。"看似不经意的一句话，却正体现出宝钗对"穿黄袍"这样的待遇十分艳羡，十分看重。

刚入京时，宝钗对选秀是充满自信的。的确，她貌比杨妃，性似长孙皇后，智敌孝庄文皇后庄妃，几乎没有落选的可能，即使不能进皇帝的后宫，或者做什么福晋，做公主郡主的入学陪侍，充为才人赞善等职是没有问题的。刚进京时，薛家母子一直住在贾府，也极有可能是想要借助贾府和元春的那层关系，来完成自己的这一心愿。

然而，自身条件过硬，又做了这样充分的准备，宝钗的选秀还是失败了。曹雪芹没有具体介绍宝钗选秀失败的情节，但失败这个结果却是一定的，因为在清朝期间，在选秀范围内的女子，未经选秀，不得婚配。若不得婚配，也就没有满世界的"金玉良缘"之说了。

刘心武老师说在"宝钗借扇机带双敲"那一回，宝钗的反应极其反常，宝玉不过是说了句"难怪别人都将姐姐比作杨妃，远比别人富态些"，宝钗立刻就红了脸，虽然她一向有涵养，忍了一会儿，但到底觉得脸上下不来，就冷笑道："我倒像杨妃，只是没个好哥哥好兄弟可以做得杨国忠的！"后来小丫鬟靓儿丢了扇子，过来笑着问宝钗。宝钗立刻指着靓儿厉声说道："你要仔细！你见我和谁玩过！有和你素日嬉皮笑脸的那些姑娘们，你该问他们去！"

的确，宝钗很少有这样动怒的时候，还是在贾母面前，对宝玉动怒，对宝玉的丫鬟动怒。这太不符合宝钗温柔敦厚、宽容大度的形象了，也不符合宝钗平时为人处世"安分守拙"的原则了。

宝钗之怒，的确该是为选秀失败而怒。而"杨妃"又是"穿黄袍"的人，正是她的理想目标，所以，宝玉的话，几乎是正戳在她的伤心事上。因此，宝钗才会勃然大怒，严词厉语，有损她以往的形象。

但我总觉得，选秀失败很可能是早就已经发生的事情了，大约在送宫花一回。宫花是宫里的东西，是进宫的人都要用到的饰物，宝钗再怎么不喜欢装饰，对宫花还是会有感情的，但是薛姨妈却一朵未留。而且，这段时间，宝钗还犯了病。这就有些可疑。

不管怎么说，宝钗肯定是失败了的。如果说宝玉是黛玉活着的理由，那么，选秀大约可以是宝钗人生的终极理想了，选秀，在某种程度上来说是她的一切。宝玉尚在世，只是无法与黛玉结为夫妻，黛玉就要自此归去。宝钗呢？

这样一个理想的破灭，对宝钗，未尝不是毁灭性的打击。可通观宝钗在整部书中的表现，除了机带双敲这一回的反常之外，就都是温柔典雅、平和沉稳的了。宝钗在痛苦绝望之后，还是慢慢地收拾好心情，平静地过渡到另一个稍微低级点的理想目标中去。

花开，是一种机缘，花落，就是一种考验。若正在花开，何妨争奇斗艳，若已然花落，也不必悲叹，飞絮落花，春色还有明年。

当你生不成富贵，你才奋斗后安身

奋斗这个词，大概为曹雪芹所不喜了。别说黛玉，就是普通的小姐，根本就不用谈什么奋斗，就是宝玉，在谈论仕途经济的宝钗和湘云面前，也是黑脸灰心。可我们不能不谈奋斗。

黛玉曾经对宝钗说："我是一无所有，吃穿用度，一草一木，皆是和他们家的姑娘一样，那小人岂有不多嫌的？"对于一无所有这样的情境，黛玉非常敏感，她未尝不愿意让自己也和宝钗一样，"这里又有买卖土地，家里又仍旧有房有地"。可黛玉始终认为，自己的这种境遇，就是个命定，她再也想不到，她完全可以凭着自己，去找回自己曾经的尊贵。

能让贾敏这样"至尊至贵"的女子嫁给他，那林如海家一定少不了的是长戟高门。书中对林如海的介绍是这样的："这林如海乃是前科的探花，今已升兰台寺大夫，本贯姑苏人氏，今钦点为巡盐御史，到任未久。原来这林如海之祖也曾袭过列侯的，今到如海，业经五世，起初只袭三世，因当今隆恩盛德，额外加恩，至如海之父又袭了一代，到了如海便从科第出身。虽系世禄之家，却是书香之族。"

作为世家子嗣，又生在书香之族，林如海还点了巡盐御史，他死后怎么会没有财产留给林黛玉呢？可林黛玉却说她一无所有，她当然不会说谎话，可她难道没有想过，自己不该是一无所有的吗？林如海只有黛玉这一个孤女，他临终前，不能给黛玉一个终身可靠的安排，在财产方面，肯定不会让女儿受苦。他即使因黛玉年纪尚小，不直接告之黛玉，也会对贾琏交代清楚，甚至还可能会给贾母和贾政等修书交代。黛玉但凡不是那么看淡世俗柴米，大约也不会对财产一事如此没有计较，而后又为此揪心痛苦。

退一万步说，林如海真的没有财产，那么黛玉就没有什么办法可想了吗？也未必。在贾府，贾母是重新给黛玉营造了一片天地的，她不光在黛玉的婚事上有筹算（大多红学专家都认为，贾母是想要宝黛结缘的），而且处处都把黛玉当成了贾府中的一员了。黛玉和众姑娘有一样的月利，平时，贾母也会额外给黛玉一些钱物使用。她本身就该安心的了。

这些且不算，王熙凤曾经说过，"宝玉和林妹妹，他两个一娶一嫁，可以使不着官中钱，老太太自有体己拿出来"，这句话也耐人寻味，其中包含着很多层含义。第一，黛玉根本就不用愁自己一无所有地嫁出去。第二，宝玉和黛玉双提，显见的有一桩婚事之意，想来，宝玉的婚事，是贾家的大事，自没有让老太太用自己体己的道理。第三，这句话还意味着，王熙凤对宝黛的婚姻是有支持之意的。

黛玉最关注的是宝玉，她最能充分投入的生活，也是能和宝玉结婚这样生活的。可连紫鹃都有让老太太快快做主的主意，黛玉却迟迟未有任何行动，完全是听天由命。

同样生活在贾府，别说宝钗，要处处营谋，就是探春，又岂是安然享乐的态度？探春，虽是贾家的正经主子，可看看她的生母赵姨娘，一个不知道要为探春的人生抹掉多少色彩的主，如果探春不凭着自己努力去奋斗，又怎么会有贾母对她的钟爱，又岂有王夫人和王熙凤对她的敬重？

在贾母寿宴时，众王妃在座贺寿，南安太妃问起众姐妹的情形，又说请来见见。贾母让王熙凤去把史、薛、林三位姑娘带来，还说"再只叫你三妹妹陪着来罢"。贾家三位小姐，迎探惜，只有探春，一枝独秀。邢夫人为此曾大骂迎春，还抱怨贾母偏心，没有让年纪稍大的迎春出头露面。可看看那个"二木头"，虽然也一般的容貌俊秀，却是各种不走心的做派，也难怪贾母要偏心探春了。

再说王夫人，有赵姨娘这样的人戳在自己的心窝子上，她又怎会厚待探春呢？可凤姐病了时，王夫人先是安排了李纨，而李纨偏又是尚德不尚才，纵容了下人，王夫人立刻就安排了探春作为辅助。

那么王夫人为什么能用探春而不用迎春呢？除了探春是贾政之女，还确有才干之外，还因为探春对王夫人极为贴心。探春理事后，赵姨娘来探春这里混闹时，探春嘴里一直宣称自己眼里只有太太，这是一种表现。另外，在贾赦要娶鸳鸯，事败，贾母大骂邢夫人，连王夫人也骂在里头，那时，李纨则早带了众姐妹走了，剩下在屋子里的人，大多都与王夫人有关联，谁都不得说话。探春也出去了，却是个有心人，并未走远。她听到贾母连王夫人也骂上了，想到此时"正用着女孩儿之时，迎春老实，惜春小"，只有自己，还可以分辩分辩，于是她便走进来，赔笑向贾母道："这事与太太什么相干？老太太想一想：也有大伯子的事，小婶子如何知道？"一句话，就替王夫人解了围，还给了贾母一个台阶下，正是恰到好处。想那王夫人，岂有不喜之理？而贾母，又岂有不爱之心？

在贾家一大家人在凸碧堂品笛赏月时，因为人少未免凄凉，闹了一会儿，贾母便没有了兴头，有些困意，王夫人劝说贾母回去歇息，还说众姊妹都熬不住撤了。贾母回头看了两眼，果然，只剩下探春还在。贾母说："也罢。你们也熬不惯，况且弱的弱，病的病，去了倒省心。只是三丫头可怜，尚还等着。你也去罢，我们散了。"一句"可怜见的"，就是对探春的评价了，虽然看不出激赏，却也有心爱之意了。

还有王熙凤，对贾环时，动辄就责骂，连个好脸都不给。可转身对探春，却是极尽温柔。探春治理大观园时，凤姐却一味应承，丝毫也不违逆她的意思。在抄检大观园时，凤姐又被探春那样激烈的言辞讥讽，凤姐也是只有请好的份，不敢多说一句。

探春虽然是贾府的正经小姐，可她哪里比得了黛玉呢？她若不作为，贾环的待遇，就是她最直接的下场，她再有机智，也只是被王夫人和王熙凤都踏在脚底的份，哪里还有她施展才华的机会呢？

你若说探春这也是圆滑处世，通过甩掉生母血缘这一层冷酷，买好贾母、王夫人和王熙凤这一种谄媚，来获得自己的人生之利。这样说，又实在看轻了探春，探春是有更高层的见识的。抄检大观园的时候，她是连王夫人也捎带着讥讽了的。她并不是一味地谄媚，赵姨娘这个人做事，的确头尾不顾，倒三不着两，还惹得整个贾府不宁。而探春是要贾府和平的，是要贾府繁荣的，是要贾府一年更比一年强的。她站在王夫人那里，一开始或许只是因为从小就被贾母王夫人教导的缘故，可越到后来，那种站队，就越是带着对错清醒的意识了。只有拥护一个对的、好的政权，整个贾府才能安定富贵，而贾府安定富贵，也才会有她的富贵安然。

只是，到底贾府已经从里面破败上来了，探春再清醒，再有见识，再有才能，抵挡不住贾府从上到下的破败。在被赵姨娘责骂的时候，探春曾经说过："我但凡是个男人，可以出得去，我早走了，立出一番事业来，那时自有一番道理，偏我是女孩儿家，一句多话也没我乱说的。"探春最大的奋斗，也只能到这里了。她若身在我们当下的时代，她一定是要把她的那番道理讲出来的。

我们不是黛玉，也不是探春，我们有自由地讲说自己一番道理的机会。生不成富贵，就是一无所有，我们还有个能奋斗的自己。经历一番痛苦的磨砺，体会处处存在的世故人情，终于可以寻得高屋建瓴的机会，立出一番事业，那时候，还有谁敢说什么富贵不富贵的根基？

草木之人，接受草木之魂

人之初，布局大概也只有凭着父母的喜怒了。直到人生逐渐铺展开，同样是大展拳脚，同样是扛枪战斗，可有的光辉灿烂，有的却黑暗无边，面对这样的结果，人们常常会感慨万千，开始往命运上归结了。光辉灿烂的，都要归到金闺玉质里去，而黑暗无边的，就要归到败絮中了。

《红楼梦》最擅长伏笔，而它的伏笔，也是带有命运色彩的，上天为你们这一干蠢蠢欲动的人物安排好了命运，只等你们一个个把这人生的苦楚尝完，故事也就结束了。就连林黛玉，这样清高孤傲的绛珠仙子，也还是逃不过命运的捉弄。

当贾宝玉把元春赏给他的东西送给林黛玉时，林黛玉说："我没有那么大的福气承受，比不得宝姑娘什么金，又是什么玉的！我不过是草木之人罢了！"草木之人，正是曹雪芹给林黛玉安排的过往身份，所谓绛珠仙子即是。若非草木，怎惹出还泪之说。

只是你仔细去品，林黛玉虽然说自己是草木之人，内心里却绝不会把自己当成草木之人。她和晴雯一样，是属于那种心比天高的，否则，她也不会那样的孤傲，做诗，一定要做最好的，说话，也一定要说到最巧处，就是争个风，也多半是为了这骄傲，她是不能受人半点褒贬的。

送宫花时，黛玉的刻薄，让人听去，就是不肯落忍之后的拔尖，湘云直率地说出有个戏子长得像黛玉，宝玉几乎盖棺定论的"多心"之说，更能表现出黛玉不肯落俗的要强。如果说，宝钗的温柔贤惠，是一种行为上的表现，那么黛玉的高傲孤僻，则更像是一种标榜身份地位的执着。

宝玉路谒北静王，北静王送了宝玉一串皇帝赐给他的鹡苓香念珠，宝玉一回家就要把这个送给黛玉，黛玉一把把珠子摔到地上，说："什么臭男人拿过的，我不要。"这时的黛玉，显得何等清高，何等孤傲。

可是到了元妃省亲一回，元妃命姐妹们一起为大观园题诗，但只做一首五言赋。黛玉很快写完，却绝对未得展才，心上不快。回头正见宝玉构思太苦，于是她走至案旁，看宝玉还少"杏帘在望"一首，便很快吟成一律，写在纸条上，搓成个团子，掷向宝玉跟前。她在元妃面前展示才华的愿望，是何等的殷切。

当然，黛玉的心高，也还不是世俗人的那种心高，她是要走个俏路，夺得个头彩。对世俗经济，她是一概不论的，否则也不会永远旋转在孤苦无依的痛苦之中。只是，这岂不是矛盾之处？繁务世俗，又不想理论，宝玉的爱情，又想要得到，终究要怎样才好呢？

就在"金玉良缘"的宣传铺天盖地的时候，她的心里充满了懊恼。如果那个时候，她也有那样一个金项圈，她也有那样一段金项圈的宣传，她必定也会紧紧抓住不放的。

不管是在与宝玉的爱情中，还是在对自己的身份上，林黛玉都不接受草木这种命定。她希望她是金玉，她又容不得凡俗。她的不接受，是哀怨，是挣扎，所以，才有那么多简直让人不堪入耳的刻薄之言，所以才有那么多下人对她的误解。

如果她能够以草木之身，做草木之魂，心安宿命，自然也就不会有这样的悲怨，她的病也就不会那么长久地折磨着她，而她的性格也慢慢会平和起来。

当然，黛玉是一个艺术形象，我们的这种以世俗之心来品，总显得歪道似的。只是拿黛玉来做个例证，想让活在现实中的我们体会到现实的骨感，找到一种现实的基本活法。

命定，其实是一个很随意的词，你努力了没有成，你可以说命定，你不努力而没有成，你也可以说命定。凡是脆弱的人，懒惰的人，大概都喜欢命定。可我在这里，却要用坚强来说一说这命定。我所说的命定，不是让人认命。如果认定我走到今天都是灰暗的人生，我的人生就一定是灰暗的，这显然太过消极。我的意思是，不管你的命定是什么，如果你一直裹在灰暗的日子里，那不如就以低调的态度，接受这灰暗的人生，心踏实下来，行动也慢慢务到实上去，那灰暗的命定，总是会有转机的。

黛玉看上去是不认命的，不管怎么样，她一定要挣扎出个高度来，可这种挣扎，表现在行动上，只是对宝玉一人使小性儿，这更像是自毁。自毁了形象，也自毁了人生。

因此，我才要说，草木之人，就要接受草木之魂。魂归草木，草木才会有个春暖花开，也才会芬芳斗艳。若如黛玉一样虚着走，在一些完全不必要的细节上做最拙劣的挣扎，金玉之质得不来，还白白地损了这草木之香魂。

这时候就要提提平儿了。在湘云置办螃蟹宴时，平儿受凤姐之命，到湘云这里要螃蟹拿家里去吃。李纨强硬地留住了平儿，打发婆子把螃蟹送回去。一会儿一个婆子来，送来了一些吃食，还带来凤姐的话，凤姐责怪平儿贪玩贪吃。平儿说："多喝了，又把我怎样？"这时李纨揽着他笑道："可惜这么个好体面模样儿，命却平常，只落得屋里使唤。不知道的人，谁不拿你当作奶奶太太看？"

李纨这话，大概最能说明平儿在整部书里的角色地位了。明明也是一样明月秋水的人物，却偏偏只是个丫鬟的命。凤姐过生日，贾琏和鲍二家的偷情被凤姐抓了个现行，凤姐马上就大发淫威，又听那鲍二家的跟贾琏说要把平儿扶正，凤姐不容分说就打了平儿两下，然后又去撕扯鲍二家的，回头觉得还不解气，又打平儿，把鲍二家的和平儿做一处论。偏那贾琏也是糊涂心肠，见平儿因生气也帮着凤姐打鲍二家的，就过来踢打平儿，平儿气得乱打战，却不敢动手。一边的凤姐还不解气，一定要平儿打鲍二家的。明明是两口子为一个腌臜人生气，两人却都把气出在平儿身上。这可见的丫鬟的命，是如何的身不由己，是如何的身为下贱了。

是丫鬟的命罢，但平儿偏又是慧心巧思、精明能干。李纨说平儿："凤丫头就是个楚霸王，也得两只膀子好举千斤顶，他不是这丫头，他就得这么周到了？"

李纨说平儿"命却平常"，这是传统的命定论了，以地位富贵来作为评价基准。一个丫鬟的命，自然是平常命了。说平儿是草木命，则更切实际一点。

可平儿这个丫鬟的命，又格外不同。刘姥姥一进荣国府时，看"平儿遍身绫罗，插金戴银，花容月貌"，把她当成了荣国府的主子王熙凤。在"投鼠忌器宝玉瞒赃"一回，判断是非行权理事的又是平儿，稳稳当当，心平气和间，就"八下里水落石出了"，不但把一干人等的纠葛处理得清清楚楚，明明白白，还把该维护的都维护得很好。

在兴儿向尤二姐介绍王熙凤和贾府的时候，特意说到平儿，他说："倒是跟前有个平姑娘，为人很好，虽然和奶奶一气，他倒背着奶奶常做些好事。我们有了不是，奶奶是容不过的，只求求他去就完了。"

因为是左膀右臂一样的人物，对王熙凤又极为忠心，王熙凤自然是紧着笼络的。尽管收到房里，却不让贾琏沾边，可除此而外，王熙凤还是十分仰仗平儿，而且对平儿言听计从。

平儿就是一个甘心接受自己草木命运的人，她踏踏实实地忠守自己的身份地位，对于那种社会的阶级地位，她从来不做无意义的挣扎。只是，在这种坚守中，她又有所作为，忠于王熙凤，并不是奴性的忠诚，而是有取有舍。在王熙凤做得太过的地方，她总是不失时机地为之折中，为王熙凤留了后路不说，还给自己的未来也做了充足的铺垫。

在"心里歹毒，口里尖快"的王熙凤和好色贪婪、狡猾机变的贾琏中间做人，这本身就是一种凶险。可尽管两口子打架，平儿成了出气筒，可实际上，凤姐信任平儿是她的心腹，而贾琏又怜爱平儿温柔得体。

如此种种，都说明平儿是一个不相信来源，却笃定去路的人。她并没有如宝钗那样的营谋，反而因为身为下贱，体会了做小的艰难，能真正做到善解人意。在王熙凤把尤二姐赚入大观园后，真正关心尤二姐的，就只剩下一个平儿。她能在王熙凤明显的排挤中，还能去抚慰尤二姐，可见的是真心为尤二姐抱不平了。在那样凶险的环境中，平儿能保持一颗真正淳朴善良的心，这是非常不容易的，又是非常聪明的。最大的天理，永远跑不出一个善字，善之后才是正理。

虽然平儿没有博得曹雪芹留下"红楼梦曲"，可在前八十回里，平儿的戏份并不比主子姑娘们少，可见曹雪芹对平儿的钟爱。而后四十回，平儿终于修成正果，大约也脱不了曹雪芹在前面构架的轨道。

所以，草木之人，接受草木之魂，绝非卑贱地认命，而是在接受命运的同时，找到自己脱离命运的出口。这就叫低到尘埃里，高傲地绽放！

孤僻，有时候只是自己的选择

孤僻的人，大多能守得住寂寞，却不一定能享受得了繁华。大幕初开时的轰轰烈烈，人群中的水暖风和，孤僻的人，都难以读懂，只因为身在此群，心在天外。所以，孤僻的人，大多都喜散不喜聚。

林黛玉天性喜散不喜聚。她说："人有聚就有散，聚时欢喜，到散时岂不冷清？既清冷则伤感，所以不如倒是不聚的好。比如那花开时令人爱慕，谢时则增惆怅，所以倒是不开的好。"

聚会终究是要散的，花开终究是要谢的，于是聚会不如不聚，花开不如不开，这样的思维方式，很有一种因噎废食的消极感觉。再进一步说，人活下去终有一死，那何必活下去呢？

在"听曲文宝玉悟禅机"一回，宝玉写了"你证我证，心证意证。是无有证，斯可云证。无可云证，是立足境。"黛玉后来续道："无立足境，方是干净。"如此看来，黛玉甚懂机锋，却也只是懂机锋而已。她自己的人生，依然是在孤僻中，又要有立足境，又要全部干净的。

黛玉是一个理想主义者，她希望整个社会是她的思维建立的乌托邦，那样，她不想理人的时候，大可以不用理人，而寂寞的时候，又可以随时出来和姐妹们一处玩闹。书中处处有这样的笔迹。黛玉生病的时候，特别期盼着姐妹们过来说话解闷，可等到姐妹们来了，打开话题，她又开始烦躁，忍不得姐妹们言长语短，觉得不如一个人清静。

这却极难。试想，谁生来又是谁的陪衬，谁愿意总是要乘着别人的情绪而活着呢？姐妹们固然能体谅她的病弱，可天长日久下去，未免就会分出来个远近。你可以说是不遇知音，不能交心。别人难道就没有这样的言辞吗？我常常想，作为一部小说，可以分出个主次角色来，可在人生中，谁不是自己的主角呢？谁愿意把自己的人生赋予一场似有若无的情绪中，作为阴影来，又变成灰尘去呢？

黛玉的高贵清洁固然可贵，可这高贵里，是有多少依赖着贾府的荣华呢？若不是因为衣食无忧，若不是曾经读书习字，她又如何高贵得起来呢？

黛玉曾经做过《问菊》的诗，内容如下："欲讯秋情众莫知，喃喃负手扣东篱。孤标傲世偕谁隐？一样开花为底迟？圃露庭霜何寂寞？雁归蛩病可相思？莫言举世无谈者，解语何妨话片时？"诗为心声，向菊一问，正是黛玉在向自己内心问寻：花季正当时，她独独沉默着，如此迟疑着到晚秋，才在露霜冷风中开，到底是为什么呢？她难道不知道寂寞吗？看着燕来燕往，难道她就没有随着景色人物而悸动过吗？

最有意思的是这一句，"孤标傲世偕谁隐"，一个问号，如此惊悚地直白着。黛玉是多么的矛盾啊。她喜欢一个人的孤独，可又忍不住看向人群中，看向那喧闹，并每每以喧闹作为自己孤独的背景。越是在热闹的时候，黛玉就越是容易发出自己一个人孤独的感叹，岂不正是这样的心境？再回头问自己，她其实没有寂寞的感觉？她其实没有悸动的时候？

黛玉离不得喧闹，在喧闹中，她又试图寻出那一两个可以与自己琴瑟和鸣的人。人头攒动固然烦乱，可鸟语花香却总是好的，若加上春花秋月，这份孤独就更是月下酌酒、花下品茗了。"对影三人"也美好，"疏影横斜"全相通。就像写意画，不见工笔繁杂的细细描绘的痕迹，只有随意挥洒而成就的一种神韵。

这样的孤独是美好的，可让我难过的是，黛玉在享受这种孤独的同时，几乎不假思索地以破坏人际为代价来寻求一种忧伤的孤僻。在史湘云的红楼梦曲中，有这样一句话"英雄阔大宽宏量，从未将儿女私情，略萦心上"，大概是想说史湘云和宝玉的两小无猜，也只是到两小无猜那里而已，没有儿女私情。可映衬到黛玉那里，正说明黛玉的儿女私情，牵挂放不下。

黛玉想要携之与归隐的，当然是宝玉。黛玉走进人群中，寻的也是宝玉，因寻宝玉，才慌慌张张地撞上宝钗，又蒙蒙迷迷地碰上了湘云。而在与这二人激烈地交锋后，又发现她们不是奔宝玉而来。做了这样判断的黛玉，不但和宝钗变成了知音，就连湘云，到最后，也是把她作为一个至交好友看待了。

黛玉的孤僻，只是一种选择性孤僻罢了。她不像惜春，惜春的孤僻，是完全以与世界割裂的形式出现的。

抄检大观园时，惜春的丫鬟入画不过是收了哥哥的东西，被凤姐和王善保家的搜出来，凤姐的训话，问得还算柔和，还说若情有可原，就能饶恕入画。可惜春只是说："嫂子别饶他，这里人多，要不管了他，那些大的听见了又不知怎么样呢。嫂子要依他，我也不依。"

到第二天，尤氏过来调查，发现入画并没有撒谎，完全可以饶恕，还替入画说情，让惜春留下她。可是惜春却"咬定牙，断乎不肯留着"，尤氏再说下去，惜春竟然连宁国府的不是也索性都说了出来，"不但不要入画，如今我也大了，连我也不便往你们那边去了。况且近日闻得多少议论，我若再去，连我也编派。"惹得尤氏又气又伤心，可面对幼嫩的惜春，有些话又说不得。尤氏只好说："可知你真是个心冷嘴冷的人。"惜春道："怎么我不冷！我清清白白的一个人，为什么叫你们带累坏了？"

惜春的孤僻，是一种决绝的了悟，不光是命运，她能一刀割断，就算是生命，她也未尝舍不得。这是完全出世的决绝，不是我们世俗人能懂的决绝。林黛玉做不到这种决绝，大概她也不想要这种决绝，即使有快刀，她的利嘴直心，都是斩断世俗的快刀，可是这快刀一出手，反而暴露了她离不开儿女情长的弱性。

倒是妙玉的那种孤僻，大约可以和黛玉有同一层次上的沟通。刘姥姥二进大观园，栊翠庵的妙玉在招待贾母时，特别拉了黛玉和宝钗去品茶。黛玉只问了一句"这也是隔年的雨水吗"，就被妙玉抢白了一通："你这么个人，竟是大俗人，连水也尝不出来！"黛玉当时是没有答话的，因为紧接着，妙玉就说了雪水如何沉淀出清水制茶的道理。虽然比不得宝钗的那套冷香丸的制作法，却也是个不简单。黛玉没回答，也没有恼。倒是宝钗，"知他天性怪僻，不好多话，亦不好多坐，吃过茶，便约着黛玉走出来"。

妙玉也是离不了世俗的，她既沾染不了人群中的浊气，却又想在繁华世界中找到一片能让自己挥霍的时间空间。这个挥霍，不是我们通常意义上的挥霍，而是任由她自己的思维意志在人事物件上获得一种纯粹意义上的清净。可你若说开去，到底何为清净呢？就为了一个刘姥姥喝了一口茶，就要连茶杯也抛掉，这是真正的清净吗？清净了眼睛心，却清净不了六根。

我们都是尘世凡俗中的，可我们又不是黛玉妙玉。我们固然可以高傲，若有资本，大可以挥霍自己的人事物件，做一些极富个人色彩的小资行径。可人真若活出一种清高来，却未必是这种似割断又不能割断的情境。

到底，清高是一种尘世中的矛盾，所以，此时的孤僻，就成了一个人的选择。你可以选择视而不见世界白茫茫一片真干净，也可以选择入了法眼，融进世俗，无论高低贵贱，无论尺长寸短，慢慢体会人心深浅，你未必不能找出那人世难寻的知音来。

忽然又想起孙悟空用金箍棒画下了一个圆圈，整个世界虽然还在，可是齐刷刷地都被隔在了外面。在圈里的人，永远可以出来，在圈外的人，却始终进不去那个圈子。你大可以给你自己画一个圈子出来，哪怕这个圈子只能容下你自己，但记得，没事的时候，多出来走走，再回到圈子里进修，你会获得更多。

林黛玉曾抽过一支芙蓉花的花签，上面写的是"莫怨东风当自嗟"。不管人世如何，不管身世沉浮，固然有东风造作，将花吹落。可花开本来就有花落，为什么不朝自己找找根源呢？不管你坚持哪一种原则，清高也罢，世俗也好，都无所谓对错。但你首先得知道，你的任何一种选择，都是要以一定的牺牲作为代价的。任何选择都是如此。所以，你若选择了孤僻，愿意做那清高之人，就要忍受得了世人强加给你的诸多负累。

你是世界的，世界也是你的。可你又不是世界的，世界也不是你的。个中滋味，只可慢慢揣摩。

只要不软弱无力，就不怕山穷水尽

所谓世界，不过是无中生有，有又入无。太阳东升了，又西落了。人呱呱坠地了，又哀哀入土了。花儿开百日红了，又飘飘零零不知向何处去了。

可我们到底不过是愚顽之人，只认得有，不认得无，追了麻雀，还要攥着凤凰，左手得了长生果，右手还要捏个狗尿苔。眉毛胡子地抓了一大把，稀里糊涂地混了一世，不知道得到了什么，失去了什么，更不知道人生如戏，梦幻一场。

在穷欢极乐之后，忽然就是一夜秋风，叶，还没来得及红，就已经落了。然后就是苦苦挣扎，哭天抹泪，企图用已经陈旧的晨光来打红最后的岁月。可到底还是力不从心，不过是把自己的落寞，送做更加凡俗的人口中，作为笑柄。山穷水尽已经在眼前，口里眼里却还是过往的柳暗花明。不是说无中生有的吗？现在一切都没了，怎么又不是有了呢？可是你有没有想过，你都看不到有中的无，你又如何能在无中寻出有来呢？

在这个微信横行的时代，恐怕每个人都在朋友圈里，看到过诸如"纵有一生的繁华，也都随大风去了"这样的话。看的时候，大多数人是心动的，可微信一关，生活一来，我们还是该争繁华的争繁华，该闹喧嚣的时候闹喧嚣。秋风未来，享乐就要趁早。过得了一个精彩，谁知道下一个绚烂还在不在拐角？就像是烟花，拥有极致的灿烂，多多少少还是能遮掩灰飞烟灭的悲惨。有中的无，有几人看出来了呢？

就说荣国府吧，在最繁华时的"金门玉户神仙府"，别说公子小姐们锦衣玉食，就是丫鬟婆子们，也都显得个个财大气粗似的，看那司棋、晴雯、方官、秋纹，哪一个不是得了皇权玉玺似的，说话做事总是有压人一头的气势。

刘姥姥，以村中人的身份，从千里之外，一游大观园时，那简直就是昏了头、迷了眼，这哪里是人间，分明是琼楼玉宇，让人大气都不敢喘。就是二游荣国府，醉卧怡红院时，那也还是花天锦地、急管繁弦，热闹得就像在九天之外，天上人间。

可这样的奢华，一旦落魄，府不再富，人将不仁，就连花草，也都眼看着被夕阳催赶成了一个如烟的幻梦，看得，醒不得。刘姥姥三进荣国府时，就只剩下心酸了。那个面冷心黑、威风八面的凤辣子，如今却战战兢兢、苟延残喘。呼啦啦大厦将倾时，人们才发现，挣了脸面、堆得金山的王熙凤，机关算尽，最后不过是竹篮打水。到头来，还不如那个低头哈腰，用土里土气逗笑富贵小姐们的刘姥姥。

秦可卿离世之前，曾以阴魂的姿态将这有中无的道理说给凤姐听，可凤姐和贾府又有多少行动呢？凤姐不过是劝王夫人把大观园的丫鬟仆从减一减，就惹来王夫人近乎抱怨的感叹和哀伤，凤姐两膀再有千斤的力，她能顶得了治丧大礼，她能顶得起贾府的败落吗？换句话说，她能顶得起她自己吗？

再说林黛玉，人常说，林黛玉必然是一个没有结果的结果，才是最好的。倘若让林黛玉也和贾府一样，长篇大论下去，在荣华富贵时，她能清高得了，到了咽糠之机，她又能耐得了几时？你能想象林黛玉坐在一个脏破得看不清颜色的坐垫上，拿着一个只剩下半边的破碗吃饭的情景吗？难以想象！

林黛玉是一个艺术形象，又靠那样一种环境烘托出一个高洁傲骨来。一旦环境没有了，作者大可以把这个形象写死，一死了之嘛，同样是无，这样的无，岂不是更干净些。

可我们不是林黛玉，固然我们不能在有中体会出个无来，当我们在无中，却一定得寻出个有来才是。这就还要说到刘姥姥了。

刘姥姥是个什么人，在林黛玉的口里，她是一个"母蝗虫"，刘姥姥进大观园，放进图画里，那就是《携蝗大嚼图》。这话不但刻薄，简直是刻毒了。一个没有见过世面的庄稼人，为了众人之乐才自毁，却成了一个不堪的蝗虫。可当黛玉这样为刘姥姥做注后，在座的小姐居然哄堂大笑，还笑得前仰后合，史湘云甚至连同椅子背一起摔倒在板壁上。这说明什么，不但黛玉不懂得刘姥姥，就是曹雪芹，已经经历过穷苦寥落的人，对刘姥姥的贫和乐，也还是不懂的。

曹雪芹也好，黛玉也罢，他们到底是站在那样大富大贵的荣华底色里的，他们又学了满肚子的知识，充实了满脑子的思想，有各种各样的原则，有各种各样的底线。比如，清高这样的原则，比如，自尊而不能做小丑的底线，等等。所以哲学家常说，思想就是人的毒药。知识，不过是人用来把世界简单化固定化的东西，而思想，又是帮助人们把简单化为复杂，甚至转为扭曲。当然，曹雪芹这种落笔法，似乎也有一层深意。此时你们对着一个贫苦至极而来打抽丰的人嘲笑作乐，彼时你们也落得贫苦至极而要靠别人接济的时候，那才是丝毫不错的因果循环呢。

刘姥姥，是整部《红楼梦》里，最知道无中生有、有中有无的道理的人了。刘姥姥过的是什么日子呢？简单说，就是吃了上顿没下顿。她又寄居在女儿女婿家里，亲眼看过了贫贱夫妻百事哀。她却并不愁怨，反而要和女婿说出一番道理。

听听刘姥姥劝女婿的那番话："姑爷，你别嗔着我多嘴：咱们村庄人家儿，哪一个不是老老实实，守着多大碗儿吃多大的饭呢！你皆因年小时候，托着老子娘的福，吃喝惯了，如今所以有了钱就顾头不顾尾，没了钱就瞎生气，成了什么男子汉大丈夫了！如今咱们虽离城住着，终是天子脚下。这长安城中遍地皆是钱，只可惜没人会去拿罢了。在家跳蹋也没用！"

刘姥姥的女婿狗儿是一个从有到无的人，从小衣来伸手饭来张口，所以过到了穷日子上时，才顾头不顾尾，又没有算计，反而责怪家人。刘姥姥将这一切都看得明明白白。而且在说出这番道理之后，还心甘情愿舍掉自己的老脸，去执行这个毁掉自尊让人看低看贱的行动。

几次进大观园，刘姥姥都是府中上下人等的玩物。刘姥姥能不知道吗？二进荣国府时，又不小心睡在了宝玉的床上。袭人看到后，"忙上来将他没死活地推醒"，这算是客气的了。刘姥姥能没有感觉吗？可她没有一点丧气，没有一点抱怨。你舍了脸来的，你就要为你得到的付出代价。

到后来，贾府败落，王熙凤堆金山的举措，倒不如周济了刘姥姥这样一个人来得更有效果。刘姥姥在贾府中的接济里，懂得从无到有，又从贾府的从有到无，体会到更多。她毫无顾忌地伸手，把这些已经将要淹死在污水臭沟中的人，能拉上岸的都拉上岸来。

刘姥姥这个人，没有过过山珍海味的极致奢华的生活，也没有能成为人上人的幻梦，她不过是想填个肚饱，睡个平安，用她自己的话说"守着多大碗吃多大饭"，看似平凡，却正是可以活到天荒地老的朴实笃定，正是可以在海枯石烂都不变的平安踏实。

贾府中的人，但凡能有一个当家做主的人，能在已经出现虚空的日子，把自己的生活水准降一降，哪怕只降一个格次，让全府上下都体会出已经有苦吃的味道来，也不至于在最后一败涂地时，全没了主意，任凭命运宰割。

但就这样赤裸裸的现实摆出来，恐怕愿意做王熙凤者也还是大多数，身后事，总还远着呢，若得眼前一刻之欢，人生也是值了的。

我也愿意人们有极致欢愉的时刻，可永远别忘记，给自己有中生无的道理。所以，在最繁华处，一定要舍得转身，看淡那些虚幻。即使你实在无法割舍你已经拥在怀中的繁荣，也没有关系，至少你可以主动让自己去经历一下那种贫苦无路的感觉。就像冯小刚电影《甲方乙方》里那个蹲在村庄房顶上偷村民鸡吃的那个大款一样，他不是还有一个"受苦梦"吗？

人生，就是过了一山又一山，过了一河又一河。山重水复疑无路，有时候可能接连不断，可只要你有个筹算，只要你能放低你的身段，不在穷途末路前变成一无是处的弱者，那么你就永远可以找到柳暗花明。

第七章

你怎样评价世界，
世界就怎样评价你

世界进入你眼中，才能成为世界。这个世界，也是你的世界。世界在你眼中，你在世界的心中。你看向世界的每一眼，都是你在向世界质询世界心中的那个你。

你的世界，不管其自然情景是怎样，融通汇总后回到你这里，都不过是你的思想境界。你对世界的评价，正是那个自我质询的结果。你怎样评价世界，就意味着世界正在怎样评价你。若你得到的那个评价，是一个你难以接受的评价，那么请你不要想去改变世界，你首先需要改变你自己。

你对待世界的方式，就是世界对待你的方式

　　不管我们有多宽广的眼界，我们始终都生活在只属于自己的世界中。每个人都有自己独特的思维方式，而这独特的思维方式，不但决定着我们的言行，同样，还决定着我们的命运。

　　比如，思绪复杂的人，因为眼里心里都是复杂的事物，一路走来，一路就会被纠缠不休；宽容乐观的人，凡事都天清月明，就连狂风，到了他那里，都会转化成微风。你对待世界的方式，恰恰形成了世界对待你的方式。

　　就说王熙凤吧，她对待世界的方式，就是一个词，机关算尽。在协理宁国府一回，王熙凤的办事方式，几乎可以用滴水不漏来形容。至于平时治理荣国府，那就更是手段高明，励精图治。这样的王熙凤，被贾府上下人敬着服着，世界对她的方式，就是一个能者多劳。可在弄权铁槛寺、赚杀尤二姐时，王熙凤又表现出心狠手辣、残酷无情的一面，对生命毫不在意，对金银财宝又贪婪无比。那么世界对她的方式，最后也是心狠手辣、残酷无情。在贾府大厦呼啦啦一倾倒地，受伤最重的就是王熙凤。她的弄权，反过来正好成为她的把柄，机关算尽的结局，就是被算尽机关。

　　再说林黛玉，林黛玉对待世界的方式，就是悲观、任性。一曲《葬花吟》，把林黛玉的悲观表现得十分充分。春花秋月，能让她产生愁绪，行云流水，会让她忧心忡忡，人来事往，更是会让她惆怅烦闷。

　　世界对林黛玉的方式，也是悲剧性的。"尔今死去侬收葬，未卜侬身何

日丧？侬今葬花人笑痴，他年葬侬知是谁？试看春残花渐落，便是红颜老死时；一朝春尽红颜老，花落人亡两不知"，一首葬花吟，明确地表达了林黛玉的最终结局，花开虽好，好景不长，春花刚去，人已西游，正是花落人亡两不知。

黛玉的结局，不仅仅是一种艺术性的，还有现实意义。生活中真有黛玉这样的人物，有这样悲观任性的品格，行动处弱，言辞里悲，从健康上说，难以长寿，从积极性上讲，活下去毫无动力。一个宝玉，怎能成为唯一活着的理由呢？所以，这样的人，结局一定是悲剧性的。

再说黛玉的任性。史湘云和贾宝玉评价她的"好小性儿"、"行动爱恼人"就是任性的一种表现。在史湘云那里，林黛玉的每一次任性取笑，都得到了史湘云尽显任性的回馈。她们两人每次掐架，虽然掐得很有艺术感，都是向着宝玉发力，但每次两个人都各受其伤。

就是在宝钗那里，黛玉的任性虽然没有收到很明显的回应，可到最后，真正夺黛玉所爱的，却恰恰是宝钗。

这当然也是艺术处理了，把这种戏剧效果拉到生活中，有些宿命论的嫌疑。生活虽然不会很快就给你一个前因后果的评断和认定，可是，偏多偏少，却总是离不了大格。今日常有大明星吸毒入狱的新闻爆出，还有之前爆出的年轻人备受溺爱后的任性造作，你能说是无因之果吗？你能说不是自己的错在先吗？你若谨慎自省，世界对你一定也是极为谨慎的，不肯轻易伤害你。

从因果说，大概也还是有一些人会不服气，就像王熙凤在铁槛寺弄权时说过的，"我就从来不信什么阴司地狱报应的"。在没有遇到挫折之前，越是春风得意的人，越是能力超群的人，就越是对什么因果不在乎。他们认为，所有的果，都是他们不能想到不能做到的果，而不会是什么善恶报应的果。这自然让人无可辩驳，可你永远别忘了，冥冥之中，有一句话，叫人算不如天算。

你越是觉得你已经掌控了世界之时，世界越是不会让你掌控。

就是不说因果，你对待世界的方式，仍然会是世界对待你的方式。魔幻现实主义大师马尔克斯的《世界上最漂亮的溺水者》中有这样一句话："她们觉得那天夜里连风都反常，加勒比海从未有过这么大的风。"我们都有这样的常识，当你觉得心情好的时候，你看到的整个世界都是美的，当你觉得心情很糟糕的时候，走在你身边的每个人，你都会觉得无比厌恶。这就是镜像中的我和世界的关系。

在《世界上最漂亮的溺水者》一文中，海边小镇上的人们，忽然发现了一个男性溺水者。一开始还只是小孩子对着尸体玩闹，而后就是妇女们善良地为他擦拭淤泥，男人们去寻找他的根源。故事就在这时发生了戏剧性的变化。当女人们为这个逝者清理干净污泥后，她们发现这竟然是世界上最漂亮、最强壮的男人，她们的男人和这个人比起来，简直不堪一提。她们不由得对这个人产生了好感，甚至进而十分尊重、爱戴这个人。

男人们回来后，看到女人们如此，还把这看作是轻浮的表现。可当他们也看到这个逝者的面容时，他们也震惊了，他们和他们的女人一样，对这个逝者产生了尊重、爱戴的感觉。

看似是色欲意识，人们沉迷于一种表象中，在这种表象中，他们开始勾勒关于这个死去的男人的生活片段，最后连缀成一个近乎超人的标志，实际上，正是这种良好的镜像，让他们开始注重自己的言行。

因为抬这最让人尊敬的逝者入葬，他们发现了村子的路居然如此坎坷，他们的院落居然如此荒芜，没有一支鲜花在路边为逝者送上。他们还发现村子里的每个人都不是完美的，而且永远无法完美，就是让逝者归去的海水，也不是完美的。可正是这些不完美，让他们能够有所作为。

"他们的房子将安上更宽大的门，更高的房顶，更坚固的地板，为了让埃斯特温可以到处走而不撞门框，为了将来谁也不敢窃窃私议地说什么这个傻瓜已经死了，真遗憾，这个漂亮的傻瓜死了。他们将在房前墙上涂上明快的色彩，借以永远纪念埃斯特温。"

不但如此，他们还将凿开岩层，在石头地上挖出水源来，在悬崖峭壁上栽种鲜花，为了在将来每年的春天，让那些大船上的旅客被这海上花园的芳香所召唤。到这里，他们的思维，就已经不再只局限在逝者那让人感叹的容貌镜像上了，而是他们自己生活的镜像。

因为有了这样美好的镜像，在加勒比海地平线上满是玫瑰花的海角，用十四种语言写道："你们看那儿，如今风儿是那样平静，太阳是那么明亮。连那些向日葵都不知道此刻该朝哪边转。是的，那儿就是埃斯特温的村子。"

一念之间，一个混混沌沌的村子，突然看到了世界的美好，虽然这美好只是一点，甚至已经飞鸿逝去，可是就是凭着对这美好的镜像的尊重，一个村落，从此成了人们心中的美好。

世界，永远在我们的心中。请在你的心中种上太阳花，请让积极乐观在你心中发芽，如此，你的世界必定会光明一片。

经得起多大的诋毁，就受得起多大的赞美

不是每一块金子生来就金灿灿、光闪闪，还有更多的金颗玉粒，混在沙里，沾着泥尘，被埋在大山底下，被压在黑暗的世界中。也不是每一块玉从被发现，就已经是完美无瑕，就已经是价值连城，很多玉石，都要经历一次次粉身碎骨的磨砺、蚀骨断筋的销刻，才能成其为美玉。

我们来到这个世界，首先要经历世界对我们的考验。我们对世界，有多大的承担，有多大的胸怀，世界对我们，就有多大的回馈，就有多大的赞

誉。范冰冰曾经说过，"经得起多大的诋毁，就受得起多大的赞美"，在尚未有所建树之前，我们若抵不住来自社会来自他人的逼人寒气，那么我们也就难以扛得起登上巅峰的荣誉。

高鹗续的《红楼梦》，把林黛玉写得面目全非，见不到多少才情，反而是心胸越来越狭窄。一场痴人惊梦后，病入昏昏，忽听外面一个人嚷道："你这不成人的小蹄子！你是个什么东西，来这园子里头混搅！"黛玉于是大叫一声道："这里住不得了！"一手指着窗外，两眼反插上去。连丫鬟婆子们的互相叫喊，也容不下，又怎能在人多口杂、良莠不齐的大观园里活下去呢？

高鹗的笔触难以让人信服，把黛玉描绘得有些不堪。但曹雪芹笔下的黛玉，也是受不得别人褒贬的。受不得褒贬的黛玉，一方面变得谨言慎行，不肯去得罪谁，不喜欢的就不靠近，这自然是好的。另一方面黛玉却也变得极为脆弱，因为别人的半点说辞，也会悲愤忧愁，反复思虑，痛苦心焦，如湘云的一句"林姐姐和小戏子长得很像"的话就惹出了一场风波。

虽然经不得人的褒贬，但黛玉却又非常想博得人们的赞美。每次做诗，黛玉从不肯落后，在元妃省亲一回，更是明里暗里攒足了劲，想要力拔头筹。黛玉的"咏絮之才"，自是不用说的，大观园里难有人超越。可在咏海棠时，李纨曾经这样评价过黛玉的诗词："若论风流别致，自是这首（黛玉的《咏海棠》）；若论含蓄浑厚，终让蘅（宝钗）稿"。探春也说："这评的有理。潇湘妃子当居第二。"当宝玉为黛玉屈居第二而不服气时，李纨说："原是依我评论，不与你们相干，再有多说者必罚。"

做诗要有才情，做诗却也含人品。黛玉的品格固然是好的，但却独独缺少宝钗的含蓄浑厚，这是毋庸置疑的。曹雪芹不但在借李纨之嘴评价诗词，还在评价品格。

再说王熙凤，她虽然也仗着一张巧嘴巴，一副铁手腕，很得贾母疼爱，很得王夫人信任，可不管她怎样左右逢源，也还是处处受人褒贬。邢夫人几次三番地找她的碴儿，有时候甚至当着众人的面，给王熙凤一个大大的尴尬。在"嫌隙人有心生嫌隙"一回，贾母八十大寿，尤氏住在贾府李纨处，帮助凤姐料理一些事物。那晚发现园中的门未关好，本来想让小丫头找找管家女人，小丫头去找人问事，两个不知分寸的老婆子，因吃了一杯酒，加之看到是尤氏的丫头，就很不在意，说了"各门各户，谁管得着谁的"刁钻刻薄的话。尤氏知道后，有些生气，幸好被袭人、宝琴、湘云等劝和了。谁知又横生枝节，周瑞家的把这事告诉给了王熙凤。王熙凤想着素日的情分，加之尤氏是为她而管理，就叫人绑了那两人给尤氏送过去。

尤氏有些过意不去，而这事很快就传到了邢夫人那里。第二天，邢夫人当着众人，赔笑着向凤姐求情说："我昨日晚上听见二奶奶生气，打发周管家的奶奶儿捆了两个老婆，可也不知犯了什么罪？论理我不该讨情，我想老太太好日子，发狠的还要舍钱舍米，周贫济老，咱们先倒挫磨起老奴才来了？就不看我的脸，权且看老太太，暂且竟放了他们罢。"说毕，上车去了。这话哪里像求情，分明就是指责、批评，给王熙凤戴了好几顶大帽子，挫磨老奴才，不顾老太太的好日子，外加一个还得让婆婆为这事求情。言外之意传说不尽，钢利利的一把刀子捅过去：你到底是怎么当家的？你配当家吗？

饶是王熙凤再站着理，再顶着功，也还是挡驾不了，还嘴不得。王熙凤"又羞又气，一时找寻不着头脑，憋得脸紫胀"，半天都不知道这满肚子的道理跟谁说去。邢夫人发完威后，得意扬扬地坐车走了。

王夫人和尤氏还不知道为何事，及至王熙凤说知，两个人都是笑着说，不要多事，放了那婆子才对。不管她们是一种什么心态，也不管她们的顾虑是否正确，她们都完全无法体会王熙凤对尤氏的那份苦心，还有对贾府纪律的严苛执行方式。她们也不知道，她们越是轻描淡写的，邢夫人在众人面前那一番对王熙凤的诋毁，就越显得有礼。两个人如此淡然的态度，而王夫人更是当着众人的面，让人把那两个婆子放了。到这里，王熙凤简直是灰心丧气，那样刚强的一个铁夫人，竟然流下泪来。

倒是贾母，当她听说王熙凤的遭遇时对鸳鸯说："这才是凤丫头知礼处。难道为我的生日，由着奴才们把一族中的主子都得罪了，也不管罢？这是大太太素日没好气，不敢发作，所以今儿拿着这个做法，明是当着众人给凤姐儿没脸罢了。"

我们暂且不论王熙凤为人处世上的弊端，善恶道德上的弊病，只说她的那种担当。一个手握大权、威重令行的人物，如今当着家众奴才的面受这样的指责，她的委屈和羞愤可想而知。可她也只是抱怨几句，该做什么，继续做什么。贾府依然在她的控制中，邢夫人在贾母面前半个"不"字也说不得，只是寻隙闹点小事罢了。

除了邢夫人，还有赵姨娘，这是一个被王熙凤踩在脚底下的人。她对王熙凤的愁怨，比邢夫人来得还深，因此，只要看到王熙凤有一点错，她马上就飞扑上来，要落井下石。

除了这几个有头有脸的人物，那些小丫鬟老婆子们，对王熙凤当面奉承背后诋毁的，又不知道有多少了。就连贾琏的小厮兴儿，在尤二姐面前，也说了很多王熙凤的坏话。王熙凤的确有不堪之处，可后来兴儿又完全折服于王熙凤的淫威，把尤二姐完全撇开不顾，这实在显得如兴儿这一类人有嚼舌之嫌。

在所有贾府的女人中，活得最汪洋恣肆的，差不多就是王熙凤了，她手握大权，说一不二，杀伐决断，虽然处处受诋毁，却也备受赞誉。若她能有平儿一样的善良和容忍，不再倚仗权势，作威作福，那么她可能就是另一种结果了。

活在人群中，没有人不受别人的诋毁，越是位高名重的人，越是受追捧多的人，所要经受的诋毁可能就越多。就有一些人，自己挣不得二两米，就看不得别人轻而易举获得两千石，还有一些人，自己走了窄桥，害怕被同行之人挤掉，就先下手为强。这些人，绞尽脑汁地为别人描黑画暗，一旦对手露出什么破绽，他们就会像饿虎扑食而来，欲置对方于死地。

但这些人的诋毁，都有一个特点，那就是辱骂多，无中生有的编造多，经不起推敲。因此，完全不值当你为其费心。只当是乌云在烈火一样的朝阳面前的一点小玩闹，由他去就好。你看不到这些诋毁，你就不会受诋毁所扰。另外，只要保持你做人的原则，行得正，做得好，那么是你的赞誉，终究还会落在你自己的头上。

这是一个薄情的世界，但我们可以用我们的深情，换回世界对我们的情深。

借别人的眼，看看自己

我高中有个同学，耳后长了一个小痣，我偶然发现后告诉她，她特别惊诧，说："谁知道在这里也长出一个小痣来？也不知道它跟了我多久？"

我们整日和自己在一起，从没有离开过一天，然而有谁能对自己的一切如数家珍？这个我们照着镜子就可以看到的身体，我们尚且不能周全顾到，至于内心这种难以到达的世界，就更是迷迷蒙蒙，难以看清。

社会心理学有个"镜中我"理论，理论的内容是这样的：人的自我认知，其实是通过观察和体会别人对自我的评价而得出的自我印象。这里又有两层意思：第一，我们如果要认识自己，那么我们就不能离开人群，在人群中我们给别人的感受，那就是一种客观的自我；第二，我们要有个自认为良好的形象，就要主动认真地去倾听别人的评价，然后不断修正自我，以适应社会人群。

适应人群，不是让你随波逐流，更不是为了向人群买好而失掉自我。就如宝钗，她千好万好，却唯独对自己不好。她的人生目标，是整个社会的主流目标，她的行动方式，又是儒家思想道统传承的楷模。她是深入地走进人群之中了，她也从人群中看到了自己。可是这个自己，却是人群，而不是真正的她自己。倒是"机带双敲"那一个发怒的宝钗，更像是她自己，有血有肉，有自己的灵魂。

如宝钗这样的人气好的女生，自有在人群中如鱼得水的好处，可也有一个不可忽视的恶性循环，那就是她永远要先于自己而照顾别人，永远顾忌别人的感受，还要以牺牲自我为条件。别人的赞美越多，赞美的时间越久，她所要承担的成本就越大。直到有一天，她完全无法自圆其说，或者干脆就像人们批评宝钗的那样，表面一套，背地一套，她才能让内心的那个自我有一条活路，否则，那样大的负重，她必将走向崩溃。这样的应用人群的评价，不是对自我的修炼，反而是对自我的一种毁损。

那么黛玉呢？黛玉和宝钗大相径庭，宝钗可以在人群中完全隐掉自我，而黛玉却一直在人群中夸大自我。黛玉，是一个完全以自我为中心的人，除了应有的礼节人情，其余的，她大多不会去理会。说不会去理会，她又对下人们的态度极为敏感。在和宝钗尽释前嫌那一回，她有过一番类似于风刀霜剑的描述，说她不愿意多麻烦人，省得招人厌。这其实也是一种"镜中我"的评价。这个我，是谨慎的，又稍稍对这种谨慎带有一种负面的情绪。

除此而外，在关于有个戏子长得像黛玉这件事上，黛玉最直接地迎面撞上了自己。宝玉和史湘云说的黛玉多心的那番话，黛玉听了个完完整整、明明白白。史湘云那句"你要说，你说给那些小性儿、行动爱恼人、会辖制你的人听去"，再一次把林黛玉给大家的整体印象，尤其是缺陷印象，重言重语地表述了一遍。

可在这件事上，林黛玉的反应是，继续小性儿，继续行动爱恼人，继续用这件事辖制宝玉。宝玉在被史湘云讥讽挖苦一番后，十分无趣，就来找黛玉。结果黛玉正是一肚子火没处发，一肚子气没处撒，见到宝玉，自然有一番分辩，一二三四五地说下去，自然是有理有据，让宝玉哑口无言。

可说到最后，黛玉却说了这样的一句话："你却也是好心，只是那一个不领你的情，一般也恼了。你又拿我作情，倒说我'小性儿、行动肯恼人'。你又怕他得罪了我，我恼他与你何干，他得罪了我又与你何干呢？"从这一句话来看，黛玉对自己"小性儿、行动肯恼人"这样的大众评价并不在乎，她在乎的只是宝玉的心。她甚至不认为宝玉对她的这个评价是宝玉的真心评价。这当然是黛玉的一片痴心了，可却恰恰反映了看不到自我的死角。

我们都有这样的死角。我们的缺陷，必然会在行动中有所体现，不是在行动中造成了挫折，就是在人群中形成了混乱。可为什么很多人就是对自己的问题（这里只指问题）视而不见呢？

生活在这个世界上越久，我们的心被浮躁所染就越重，我们对自己就越容易纵容，也越容易对自己进行粉饰。当一颗心被蒙上过多的尘埃，我们就会有选择性地对自己已经暴露出来的缺陷视而不见。

比如我，曾经是一个特别没有想法，还容易丢三落四的人。上学期间，我妈妈为此不知道批评过我多少回。我当时的态度就是，在被批评的时候非常愧疚，可并没有继续深入思考，甚至觉得这是一种天性。天性，那就是不容更改的。因此，我一直是一个丢三落四的人。直到我开始独立生活，无依无靠，没有人批评我，可我的这一问题一次次找上我，我一次次被挫折抛向空中，重重摔下来。这个时候，我才发现，原来，这是我必须要重视的问题，而且，是我可以改变的问题。当然，我现在还是会有一头乱绪的时候，可比起学生时代，已经是大为改善。

当我们能够睁眼看世界，能降服自己那颗浮躁的心，能认真地去看看别人眼中的自己，那么我们就能发现自己的缺陷。任何批评指责甚至讥讽嘲笑中，都有可能存在帮你提升自己的方法。

在对像戏子这个问题上，书中史湘云和林黛玉是怎样和解的，完全没有着笔。只是第二天黛玉拿着宝玉写的那个偈语给湘云和宝钗看，似乎黛玉并没有小性儿，也没有为此而恼着湘云。若果真如此，那倒是她的了悟了。

当大家看完宝玉写的《寄生草》词时，宝钗马上说："这是我的不是了。我昨儿一支曲子，把他这个话惹出来。这些道书机锋，最能移性的，明儿认真说起这些疯话，存了这个念头，岂不是从我这支曲子起的呢？我成了个罪魁了！"说着，便撕了个粉碎，递给丫头们，叫快烧了。这说明什么？

宝钗的谨慎超越常人，她的反省也非同一般。因昨日宝钗曾经教宝玉《寄生草》的戏文，如今宝玉就用这戏文来解释自己的人生。倘若宝玉从此就入了戏文的道，一路疯傻呆痴下去，岂不是她宝钗的罪过。而这罪过，若被贾母王夫人等知道，就又是一番磨难了。宝钗的行动是，马上认错，"只是我的不是了"，然后马上就毁灭痕迹。从宝玉写下的词曲偈语中，她发现自己过于多嘴多舌了。

黛玉说："不该撕了，等我问他，你们跟我来，包管叫他收了这个痴心。"黛玉到宝玉那里，三言两语，就让宝玉不再以看破之心悲观下去、烦恼下去了。如果宝钗能够继续反省，那么通过黛玉的行动，她也该感知，只有这样的方法，才能从根本上消灭痕迹，避免麻烦。

生活在人群中，实在是一件好事，别人对我们的言谈举动，每一个细节处，都包含着对我们的评价，对我们的警示。我们要拂去蒙在心上的灰尘，认真地去阅看，去倾听，去体会那个别人眼中的自我。

生活中百分之八十的时间都在作秀

　　美国著名的导言、编剧伍迪·艾伦曾经说过："生活中百分之八十的时间，人们都在作秀。"偶然之间看到这样一句话，有点不知所云，也不知道伍迪因何而发此感慨。但慢慢回味，却觉得意义深远。

　　所谓作秀，就是掩饰真实的自己，表演给人看。在喧嚣浮躁的时代，作秀成了人们获取利益的一种手段，极具贬义性。可实际上，作秀，更像是一种生存方式。生活在人群中的人，有百分之八十的时间，都是要作秀给别人看。

　　就如林黛玉一样目下无尘的，也还是不能免俗。她初进贾府时，谨言慎行，说到底就是一种作秀，后来不肯跟贾母要燕窝，也是一种作秀。黛玉此举，并非浮躁，也不为什么名气利益，不过是不肯遭人褒贬，不愿平添是非。生活在人群中，我们不但要有自己的独特性，还要有融合性，这就是作秀存在的原因了。只要不与人群隔离，只要还关注自己的名誉，那么，人，就会不由自主地作秀。

　　还说黛玉。王熙凤送给黛玉一些茶叶，并要黛玉帮她做些事，黛玉就取笑她道："你们听听：这是吃了他一点子茶叶，就使唤起人来了。"凤姐是何等样人，玻璃心肝口角尖快，马上反驳道："你既吃了我们家的茶，怎么还不给我们家做媳妇儿？"说得黛玉涨红了脸，回过头去，一声儿不言语。宝钗看到这场景，不由得也笑道："二嫂子的诙谐真是好的。"黛玉于是骂道："什么诙谐！不过是贫嘴贱舌的讨人厌罢了！"说着又啐了一口。

这个时候的黛玉，已经不再是那个懵懂无知的小丫头了，她情窦初开，爱意萌发。就在不久前，黛玉还和宝玉在沁芳桥的桃花树下，相依相靠看了《西厢记》，两人甚至还对出书中的妙句警言来。宝玉说了句"我就是个'多愁多病的身'，你就是那'倾国倾城的貌'"，惹得黛玉顿时火起，还红了眼圈，以为这是宝玉欺负她。宝玉赌咒发誓，要在她死后做个癞头鼋为她驮碑。黛玉马上破涕为笑，说"一般唬的这么个样儿，还只管胡说。呸！原来也是个'银样镴枪头'"。

黛玉的小心思，是喜欢宝玉的，甚至非宝玉不可。可她到底是个封建社会闺阁中的小姐，哪里敢去听自己的婚姻大事，饶是不敢听，不敢承认，还得回头对那个说重她心事的王熙凤大骂一通，才能表明自己的清白，维护自己高贵的身份。

这又是一种作秀了。可这秀，又非做不可。倘若黛玉也和紫鹃一样，当王熙凤说"给我们家做媳妇"的话时，马上回问道："你能给我做主吗"，或者说"你既有这样的主意，为啥不回老太太去"，那黛玉也就不是黛玉了。别说是在那个女孩做不得一点主的年代，就是现在，和男朋友八字还没有一撇的时候，哪个女孩敢把自己的心事原原本本和盘托出？

作秀，是我们作为人，作为一个生活在社会人群中的人的基本活法，虽然无奈，却也是一种生存之道。

曾经看过一部电视剧，主人公具有看穿人的思维的特异功能。看似是一种非常让人得意的功能，让他能立刻分辨出谁是好谁是坏，实际上却并不如此，他的这种特异功能最后竟让他自己烦恼丛生。每一个人，在他面前都变成了透明人，这意味实在不简单，因为每个人都会有一些不太明朗的小心思，每个人都会有一些拿不到台面的小筹算。就是最温柔贤德，最心底无私的人，也是如此。

尤其可笑的是，他的这一个特异功能几乎毁了他的初恋，那个美丽的女孩，那个举手投足都牵动着他的心的女孩，一站在他面前，居然是一堆又一堆无伤大雅却能一下子冰冷了他激情的想法。

由此可见，生活需要一种作秀。适当地作秀，让我们活在一种朦胧的美和诗意中，活在一种自己营造的文明氛围中，这多少会减少柴米油盐给我们带来的枯燥，还会减弱人和人之间性情迥异带来的直接摩擦。古人云，水至清而无鱼，人至察而无徒，也是这样的道理。

生活，给了我们作秀的权利，在生活中磨炼，我们又获得了作秀的能力。可水满则溢，月满则亏，凡事需要适可而止，当作秀只是犹抱琵琶半遮面的朦胧优美时，这一切都是好的，可作秀过多，为了维持自己某方面的形象，而不能真实地表达自己，这就得不偿失了。

就说黛玉，她自己的婚姻大事，她固然不能和任何人说，可有她错认薛姨妈做母亲的那份冲动，为什么不和贾母在这件事上磋商磋商呢？纵然不能磋商，如莺儿一样"微露意"总是可以的吧？现代人常说，林黛玉是自由恋爱的典范，可她连在贾母面前都不好意思开口，这自由又是哪门子自由呢？她根本就是一切都身不由己。想想司棋，和潘又安的那份情意，说薄不薄，说厚不厚，可司棋在自己的老子娘面前，也是敢挺着脖子说明自己的心事的。黛玉又哪里比得了呢？

在清虚观打醮、张道士提亲后，黛玉中了暑气，不再去看戏，宝玉也就不去，一趟趟过来看望黛玉。这本来是两颗心一种意，"不胜情绪两风流"，谁知黛玉作秀，不停试探宝宝，宝玉也作秀，不停试探黛玉，"你也将真心真意瞒起来，我也将真心真意瞒起来，都只用假意试探"，于是，两情相悦的情绵绵，却成了互相质问的恨切切。你错会了我的意，我悟错了你的情，两厢岔开去，竟然都是满肚子的委屈，却又说不出来。黛玉生气，呜呜咽咽地哭起来，宝玉呢，则被"你的好姻缘"几个字刺激，气得脸都变黄了，扬手就砸他带着的那块玉。事情一下子闹大了，贾母和王夫人都赶了来，把宝玉带走，这场争闹才算结束。

过了一日，是薛蟠生日，家里又开始摆酒唱戏，合家都以为宝玉和黛玉只要都去看戏，和众姐妹混闹一通，怨气也就烟消云散了。可偏生两人谁都觉得没意思，都没有去。此时，贾母说了一番深有意味的话："我这老冤家，是哪一世里造下的孽障？偏偏儿的遇见了这么两个不懂事的小冤家儿，没有一天不叫我操心！真真的是俗语儿说的，'不是冤家不聚头'了。几时我闭了眼，断了这口气，任凭你们两个冤家闹上天去，我'眼不见，心不烦'，也就罢了。偏他娘的又不咽这口气！"曾有人分析说，正是这番话直接显示出贾母欲以黛玉与宝玉结亲的心思。这我们且不论，贾母说完之后，大痛大哭，可见是极疼这二人。

有意思的是，这话传到宝玉和黛玉耳中，两人竟都对"不是冤家不聚头"参起禅来。曹雪芹此笔，深有意味，不管是宝玉还是黛玉，这种参禅，首先想到的就是两人的心事，难道真的是有情缘才至如此互相折磨吗？好事多磨之后，终究会情归一处吗？这是其一，再者，还可参的禅，自然就是贾母的心意，贾母这是一种暗示吗？是想要撮合两个人的姻缘吗？

有了这一番思谋，黛玉难道没有领悟出贾母的心意？兴儿在和尤二姐提到宝玉和黛玉的时候，就曾经说过"因林姑娘多病，二则都还小，故尚未及此。再过三二年，老太太便一开言，那是再无不准的了"。连兴儿这样的小厮都已经参透了贾母的心思，黛玉和贾母天天相见，岂有不知道之理？

贾母大概心中早有筹算，可黛玉和宝玉闹归闹，却从未对贾母提及此事。否则，她也不会动辄就有"自己没有父母，没有人做主"的念头了。从而错失了最好的依靠，错失了最佳的姻缘。最让人奇怪的是，以贾母那样老辣的人，居然也没有对黛玉吐露半点口风。她当然也是在作秀。可这作秀，是做给谁看的呢？难道是王夫人、薛姨妈？或者，就像兴儿说的，只是因为黛玉和宝玉年纪都小，她不能把这话说给他们听，以免他们做出什么不才之事？难以猜测。不管怎么说，贾母如此作秀，肯定也是为了保护黛玉，而不是像高鹗后来续书中说的那样，她根本就不同意黛玉和宝玉的婚事。可惜的是，这场作秀最终还是没能保护得了黛玉，反而让黛玉在猜测难言中病得更甚。

生活中，我们常要顺从思维上的习惯，为了维护自己的形象，或者为了守护某种规则，不得已，要作秀，给别人看，也给自己看。这种作秀，是正常的人类行为范围，只是不可过于拘泥于形式，也不要太看重所谓的面子，而失去更加珍贵的东西。

大概当今的人也不需要这样的劝说。如黛玉这样，还只是因为害羞说不出口而作秀。我们当今的人，则已经把作秀当成了一种生活方式了。为了自己心中的贪欲名利而作秀，为了掩饰自己的缺陷获得人们的赞誉而作秀。作秀已经无所不至、无所不能了。别说面子，也勿说什么规则，凡是能满足自己欲望的，就是变成癞头鼋去驮龟，大概也是可以的。这不在我们的讨论范围之内。

我只是想说，生活是一场秀，我们可以适当地粉饰自己，修正自己。但生活还是一场真人秀，没必要为了得到一个偏离自己内心轨道的一个我，一直秀下去。那就不是作秀，而是令人作呕了。

被世界改变了那么久，你是否该有所动作

每个人，不管是品质还是性格，都是基因和环境共同作用下的产物。简而言之，我们都是父母造就的人，又是被世界改变了的人。我们活着的每一天，都在被这个世界改变着。有些改变，是我们主动去适应世界，有些改变，则是身不由己，甚至是丝毫不觉的。

林黛玉的小性儿，在某种程度上，是贾宝玉和贾母给惯出来的。在黛玉像戏子那一出闹剧中，史湘云曾经对宝玉说去找那"会辖制你的人"去。这

会辖制宝玉的人，自然是黛玉了。黛玉之所以会辖制住宝玉，倒不是黛玉有多么妙的弄人法宝，主要还是因为宝玉性格比较温和，对女孩总是柔情似水，而黛玉又和她情投意合、两小无猜，自然是凡事都能伏低做小。

在黛玉被晴雯拒之门外那一回，黛玉一个人在外面哭了很久，第二天见到宝玉，便不愿意搭理宝玉。宝玉好言好语地说了好久，黛玉总是不理，宝玉急了，质问黛玉，曾说了一大段话。宝玉这样说："当初姑娘来了，那不是我陪着玩笑？凭我心爱的，姑娘要就拿去；我爱吃的，听见姑娘也爱吃，连忙收拾的干干净净收着，等着姑娘回来。一个桌子上吃饭，一个床儿上睡觉。丫头们想不到的，我怕姑娘生气，替丫头们都想到了。"从这些话里，我们就能看出，宝玉在女孩身上是格外用心的，而黛玉又是女孩中的极品，宝玉心中的极品，对黛玉的用心之处，就更是非同一般。

为了表明心迹，宝玉是一定要把黛玉同众姐妹分开来说的。宝玉的这段牢骚还有没发完，他后面还有一些话，是这样说的："我想着姊妹们从小儿长大，亲也罢，热也罢，和气到了，才见得比别人好。如今谁承望姑娘人大心大，不把我放在眼里，三日不理、四日不见的，倒把外四路儿的什么'宝姐姐''凤姐姐'的放在心坎儿上。我又没个亲兄弟、亲姊妹，虽然有两个，你难道不知道是我隔母的？我也和你是独出，只怕你和我的心一样。谁知我是白操了这一番心，有冤无处诉！"

在为张道士提亲一事，两人闹别扭后，宝玉在袭人的劝说下，先来给黛玉道歉，宝玉这样说："我知道你不恼我，但只是我不来，叫旁人看见，倒像是咱们又拌了嘴的似的。要等他们来劝咱们，那时候儿岂不咱们倒觉生分了？不如这会子你要打要骂，凭你怎么样，千万别不理我！"

宝玉也是有血性的，有愤怒和烦恼的时候，他甚至还踢过袭人一记窝心脚，虽不是朝袭人来，可那种勃然的怒气，也让众丫鬟婆子们大惊失色。可宝玉，对黛玉说话却不敢发火。宝玉因称赞宝钗为杨妃而被宝钗奚落了一回后，黛玉不但不同情宝玉，反而在宝钗离去时，又神补了一刀："你也试着比我利害的人了。谁都像我心拙口夯的，由着人说呢！"宝玉本来正觉无趣、难过时，被黛玉如此一说，不由得想要发火，可是他看看黛玉，却终于没有说出口，为啥？黛玉是个多心的，他已经惹了宝钗，就不想再去惹黛玉了，所以，"说不得忍气，无精打采"。

人常说，恋爱了的人，总喜欢那个惹你哭的，而不愿意去迁就一个哄你笑的人。这话对宝玉再合适不过。宝钗对宝玉，是极为柔情的。在宝玉挨打那一回，宝钗曾经说过这样的话，"早听人一句话，也不至有今日。别说老太太、太太心疼，就是我们看着，心里也……"话没有说完，但说到这里，却情已尽露，而且"不觉眼圈微红，双腮带赤"了。宝玉那时，听得这话如此亲切，而且"大有深意"，只是说至一半，就红了脸低下头含着泪，又有"只管弄衣带"，那一种软怯娇羞、轻怜痛惜之情，让宝玉立刻就又痴呆呆起来。

尽管如此，宝玉对宝钗，却还是比较疏远。在为晴雯不开门一事闹别扭结束后，黛玉到贾母处吃饭，宝玉只在王夫人处吃饭，可人虽在这里，心早就飞到林黛玉身边了，因此，饭也吃得匆匆。终于完事出来，偏又遇着凤姐，要他帮她记账。等到帮完凤姐，再来到贾母处，正看到黛玉在裁剪。宝玉又是温言软语地，直管和黛玉说话，"才吃了饭，这么控着头，一会子又头疼了"，又问黛玉到底是在做什么，黛玉一直不理他。此时，宝钗过来了，宝钗对黛玉笑道："我告诉你个笑话儿，才刚为那个药，我说了个不知道，宝兄弟心里就不受用了。"宝钗这话，虽是说给黛玉听，其实更像是说给宝玉听，试探宝玉。可宝玉非但不懂，反而对宝钗道："老太太要抹骨牌，正没人，你抹骨牌去罢。"宝钗听说，便笑道："我是为抹骨牌才来么？"说着便走了。从这里，我们可以看出，宝玉对宝钗，虽然有理有情，却有几分冷酷，而宝玉对黛玉，却是极为纵容。

如果宝玉喜欢的不是黛玉，又或者，宝玉根本就是个滥情的人，对女孩没有那样的温柔体贴，那么黛玉再也不会像这样小性儿了。试想，她小性儿，能使给谁呢，不过是增加自己的伤感罢了。黛玉和湘云闹得最凶的"像戏子"事件，湘云并没有低头伏小，但两人最后依然是握手言和，而且黛玉对湘云，虽然还是喜欢调笑，却不会辖制她。而且，以黛玉那样聪明的性情，一个不珍惜她的人，她根本就不会在他身上弄情儿使性儿。

说宝玉造就了黛玉的小性儿，大约也错不很远。若宝玉真下狠心不理黛玉，黛玉也是不敢如此任性的。在"听曲文宝玉悟禅机"一回，宝玉被史湘云和黛玉两人夹击奚落，又兼听了一回《山门》，回来后情绪变得极为消极，写了偈语参禅。黛玉呢，"见宝玉此番果断而去，假以寻袭人为由，来看动静"。宝玉终于不理黛玉，黛玉反而过来就要寻着他来了。这说明即使不是伏低认错，黛玉也是会心回气转的。

宝玉的宠爱，是黛玉的福分，可宝玉的过度宠爱，对黛玉却也是一个祸害。是宝玉，让黛玉成为人们眼中那个爱辖制人的人，行动爱恼的人。同样是"像戏子"事件，湘云的行动爱恼人似乎比黛玉更高一筹，她回到屋子就收拾东西，还和宝玉说了那一大套话，哪一句话，比起黛玉的质问，都只更毛躁，只更气势汹汹，可很少有人说湘云是小性儿、行动爱恼人的。

宝玉对黛玉的宠爱，还让很多女孩子产生嫉妒心理。宝钗饶是那么个宽容的心性儿，也还是时不时就要讥讽上宝玉和黛玉几分。在"魇魔法"那一回，宝玉和凤姐在通灵宝玉的帮助下，终于病去神安，黛玉听说后，先念了一声佛。宝钗笑了，惜春问她笑什么，宝钗道："我笑如来佛比人还忙：又要度化众生；又要保佑人家病痛，都叫他速好；又要管人家的婚姻，叫他成就。你说可忙不忙？可好笑不好笑？"

不但讥笑，宝钗还生过要分开宝玉和黛玉的心。史湘云第一次在《红楼梦》现身时，宝玉正在宝钗处玩，听说史湘云来了，起身就走，结果到了贾母那里，就被黛玉逮着他和宝钗一处玩的事很是奚落了一回，宝玉说了句"只许和你玩，替你解闷儿；不过偶然到他那里，就说这些闲话"，黛玉就赌气回房了。宝玉连湘云也顾不得理了，只得跟着黛玉出来，又是好言好语地劝慰。两人刚说一会话，宝钗就过来，不由分说，拉了宝玉就走。结果把黛玉又气了个倒仰。

至于史湘云，"像戏子"一回已经点明了她对黛玉的意见。就是袭人，对黛玉，也有那么几分嫉妒。宝玉找湘云梳头一回，袭人看见后一直闷闷不乐，恰好宝钗来，就和宝钗抱怨了一大通。表面上说的是宝玉不注重身份，还在女孩堆里混，实际上指责的却是湘云，暗含着对黛玉的不满。要知道，袭人是敢指责湘云而不敢指责黛玉的。在清虚观回来后，宝玉又摔玉，袭人过来劝，宝玉也哭，黛玉也哭，袭人想要劝宝玉不哭，可又害怕说话映射着黛玉，这话倒不好说，只好站在那里也跟着一起哭。袭人也害怕黛玉的小性儿，当然，这害怕，实际上是害怕贾母的指责。黛玉小性儿的形成，除了宝玉的宠爱，还有贾母的溺爱，有了这双重爱的恩宠，黛玉在一定程度上有点无所顾忌。

当贾母健在，大权在握，宝玉还能任由自我，那么黛玉就是幸福的，为宝玉而伤那几回心，落几点泪，也不过是一点小儿玩闹，或者是初恋卿卿我我后的纷争。可一旦这两个条件有了变化，黛玉能怎么办呢？再使小性儿，还有谁会接着？黛玉千虑万虑，为什么虑不到这一处呢？

单说宝玉，就是宝玉爱黛玉的心依然不减，可长大成人后，烦琐事务缠身，他又岂能完全由得了自己，那个时候，宝玉必然不能如前一样，动辄就"好妹妹"地叫上几十声，不然就打叠起千般软语万般柔情来的。那时候，黛玉又能怎样呢？那小性儿，再使出去，必然如撞了山墙一般，硬邦邦、冷冰冰的。那时候再哭，可就不是这种怡性怡情的哭了。

所以，当有一个人极度宠爱着你的时候，你千万不要以一概全，以为这宠爱是无边无际的，尽人皆是的，是绵延不绝，永远不会退转的。在备受宠爱的时候，要懂得珍惜，也要学会自重，学会感恩，也学会去宠爱你的那个人吧。

如果你不能对自己负责，
可以尝试先对别人负责

我们常说，如果你都不能对自己负责，你又怎能对别人负责。在这里，我却想说，如果你还不能对自己负责，那么也可以试着先对别人负责。

黛玉的悲剧，说到底，是不能对自己负责的悲剧。对身体，她是自小就有弱症，人参燕窝不知道吃了多少，依然无效，自然以为是再也不能够改变的了。对父母，从小失怙恃，纵然有靠山贾母，黛玉也是难以有一个完整家庭的依靠。对爱情，她又是一腔痴情，两泉泪眼，万种猜疑，闹得自己一身病症不说，连带着把宝玉也惹出一身病来。而对婚姻，她就更是不能做主了，身在人家的屋檐下，如今要抢走人家的孩子做新郎，有谁会做这样没打算的生意？

正是所有的这些不能自主，才让黛玉即使很想对自己负责，也是无从下手，只好一味任由自己在伤春悲秋、感月吟风中，一方面孤芳自赏，另一方面自我败坏下去。

黛玉不能为自己负责，但在贾府中，为黛玉负责的人却极多。就说王熙凤和贾母，这两个权力至尊，不管是在生活中，还是在黛玉的爱情上，都是支持黛玉的。在为暹罗国送来的茶叶，王熙凤和林黛玉互相打趣，那氛围，明显倒比别的姐妹们亲近些。而王熙凤的言语，几乎说出了贾母的心事。

有个细节，王熙凤送给黛玉茶叶后，要黛玉给她帮个忙，但曹雪芹后文却一直也没有说到底是请黛玉帮什么忙。以曹雪芹那样不散丝乱线的笔锋，这里似乎隐藏着一些事情。

即使曹雪芹没有此意，我们也大可以去畅想一番，王熙凤那样一个重权在握的人，贾府上下人等，凡事多要求着王熙凤，王熙凤身边的能人干将多了去了，从没见王熙凤要去求着谁，那么她会有什么事来求黛玉？黛玉又能做得了什么别人不能做的呢？针线女红，不大可能，别说王熙凤用不着黛玉，就是黛玉自己，身体弱，贾母不愿意让她多劳动，一年倒有半年不能做针线活。要么是记账，王熙凤求黛玉时，大观园中识文断字的姐妹都在，宝玉也在，她不可能在这个时候偏偏让黛玉来为她记账。那么到底是什么呢？

不管是什么，从这一点看，黛玉完全有资质不去做纸糊的灯，她能对王熙凤有实质性的帮助，就会对贾府有实质性的建设。只要黛玉稍稍能把心放宽一些，她的路就会走得更踏实也更稳妥一些。退一万步说，王熙凤找黛玉做的事，只是小小不言的事，也无甚要紧。倘若是能展示才干的事情，黛玉尽是愿意去做的。若黛玉能耐住性情，由小及大，也是可以做到为更多的人负责的。别的不说，她若能替王熙凤对家务稍有承担，那么，她对王熙凤和贾母就该是一种感恩的心态，那么，她就不至于在无妄的爱情中，让贾母多次落泪。

很显然，我们看到的林黛玉，没有为任何一个人负起责任来。贾母细针密线地为她筹划的事情，她几乎是浑然不觉，就是平常贾母偏爱她的地方，她似乎也从来没有过多表示过对贾母的深情，反而是一有事情，就要想到自己孤苦无依。

如此说下去，黛玉就显得极为自私。这种自私表现在思维方式上就是，黛玉极喜欢绕长路，钻牛角尖，把自己逼进一个死局中不能出来。和宝玉的爱情，本来是两情相悦，情归一处，可就是因为她的自我眷顾，反而显得多心、小性儿，无端惹出很多是非来。作为故事来看，殷殷切切，缠缠绵绵，倒还算得是余韵生香，可真放到生活里，就未免显得虐心。

和宝玉两个争争吵吵的时候，黛玉和宝玉都曾经多次说过死亡。在"林黛玉俏语谑娇音"一回，林黛玉又为了宝玉和宝钗亲近而生气，不理宝玉。宝玉温言软语地劝说她，不要因生气而糟蹋坏了身子。黛玉立刻说："我作践了我的身子，我死我的，与你何干？"宝玉自然心里不好受，继续说道："何苦来？大正月里，'死'了'活'了的。"此时的黛玉就钻了牛角尖，她说道："偏说'死'！我这会子就死！你怕死，你长命百岁的活着，好不好？"宝玉笑道："要像只管这么闹，我还怕死吗？倒不如死了干净。"黛玉忙道："正是了，要是这样闹，不如死了干净！"宝玉道："我说自家死了干净，别错听了话，又赖人。"琐碎的小情侣的拌嘴，却字字离不开死字。此处看似不经意地着笔，细想却又别有深意。这正是两人爱情的特征之一，没有你死我活的虐恋，就不能算是有真性情。

大概小时候看琼瑶剧看多了，如今特别看不得那种虐恋剧，觉得没来由地两个人就要死要活的，要么就是一定要下一场滂沱大雨，痛苦的恋人呆呆地站在雨中，或者仰天呐喊，或者是在雨中急速奔走，闹得不可开交。若是那情节氛围设置得好倒也罢了，若遇见无病呻吟的那种恋爱，看着看着，就有索然寡味的感觉。处于互相猜疑阶段的恋爱，的确是爱情中最具朦胧美的一个阶段，可朦胧美大概也不用非得生死来表明吧。

古人很喜欢用"生死相许"这四个字来表达爱情，曹雪芹大概也被这样的字眼给迷住了。所以，在写两人爱情时，没少用了"死"。而且，这死字还不是说说而已，常常是话到神到。

被晴雯关到门外那一回，黛玉十分气闷，又听到宝玉和宝钗在院子里说话，就更是气恼，思前想后，越想越觉得自己可怜，越想越觉得宝玉可气，越想越觉得这个世界不通人情。于是，"便也不顾苍苔露冷，花径风寒，独立墙角边花荫之下，悲悲切切，呜咽起来"，本来就娇弱的身子骨，平时贾母宝玉丫鬟婆子不知道怎样娇贵着呢，尤其是宝玉，就连黛玉吃完饭要躺躺，他都害怕她积了食，一定逗着她说话玩乐一回才好。可如今只是受了一点委屈，黛玉却完全不顾惜自己的身子骨，任凭霜露欺凌，哪里还想到什么生，心里只有一个死。

在高鹗续书中，林黛玉的寻死之心就更直接。只因听了紫鹃和雪雁关于宝玉婚姻的一段对话，也不去向宝玉求证，也不去寻自己的生路，只是躺在那里，连茶饭也不进，一心只想闭上眼睛，永远不见了这个世界才好。及至听说这个婚姻完全是子虚乌有的事情后，这才又重新有了活着的希望，强迫着自己进食，强迫着自己打起精神来。可本来就柔弱的身子，在这样的自虐下，自然更是如风中之烛一般。

到傻大姐泄露机关，将宝钗宝玉婚配的事说给黛玉听时，黛玉顿时就心迷一窍，几乎晕厥，从宝玉那里回来之后，就吐了一口血，此时寻死的心思就更真切也更笃定了。连紫鹃以宝玉身体不好不能娶亲的话来安慰，黛玉也是听不进去的了，反而是更加煎熬心血。她精神上刚有点清醒，身体上还是软弱无力时，就又开始焚稿断情。的确，宝玉已经让她柔肠寸断，她也断无活下去的理由了。焚稿，算是做最后的整理，向这个曾经留过痕迹的世界告别，销毁曾经活着的证据，曾经恋爱过的证据。黛玉对活着这件事非常不负责任。活着，对她来说，痛苦大于快乐。她越是享受着贾府的荣华富贵，她的悲哀愁苦就越是无以复加。

王熙凤曾经说黛玉是个美人灯，风一吹就坏。黛玉这个美人灯，还不只是身体柔弱，她的精神一样脆弱，不堪一击。倘若黛玉能认真地对待自己腔子里这口气，能对自己负起责任来，她对人生的理解就不会那么狭隘，她对宝玉的爱恋也就不会横生那么多枝节，让人看着那么虐心。

据脂砚斋的批语，曹雪芹写的黛玉，到最后，根本不是为贾母和王熙凤的掉包计所害吐血而亡，她是早夭了的，只因她已经仙逝，宝黛姻缘才终成虚幻。这样的结局，比之断情断命，自寻死路，更令人唏嘘。

不管是先对自己负起责任，还是先对别人负起责任。只要我们学会对活着负责，学会对世界认可，能适当地和世界和解，那么世界的走向，最终总是能和我们的心意不谋而合。因为当我们和世界成为一体，世界岂能不为我们腔子里那口气负责？

既入世俗尘缘，就学着和世界和解

以黛玉的脾气秉性，她是难以和这个世界和解的了。和宝玉一样，她对世俗经济没有什么概念，也不感兴趣。对她来说，那就是身外之物，尽管生存下去，需要那样的经营，可只要还不是山穷水尽，她就可以完全置之不理。

可我们都是尘缘之人，谁能做得了自己的主，可以永远不食人间烟火，或者可以不受世俗的束缚控制？就是清修冷遁，也还是要有一谷之食，也还是要有一脉之情，断不得干净。就是位高权重，财富盈门，你可以要高雅高洁的派，却还是脱不了世俗的泥潭，规矩、束缚一样都不少。既然如此，我们就不如学着和世界和解。

小的时候看《西游记》，总是有一个疑问，我不明白那孙悟空为什么总是瞪着火眼金睛，四处去寻找妖精？遇上妖精后，不由分说，那金箍棒一抡，就是一条性命！

同样是西行路上，同样是修行取经，猪八戒却是另一副样貌，品着山，玩着水，时不时地他就溜号跑到山水间打瞌睡去了，就是在四人组合里，他也不安安分分，不是和唐僧热乎，就是专唠悟空的冷门，再有，就是和沙悟净啰唆。

我有英雄情结，悟空飞天入地的时候，我几乎眼皮都不眨，看得津津有味，可每集剧情结束，一听到那"你挑着担，我牵着马"时，我对悟空的敬慕之心立刻就小一点，为什么呢？你听那主题曲呀，明明悟空才是主角，可这高歌的却是八戒。谁牵着马啊？是八戒！悟空大概是顾不得唱歌的吧！他一直都在关注着妖精的行情，等待着妖精的出现呢！

这念头，也只是瞬间而过。我还是喜欢孙悟空。没有悟空，唐僧取经比登天还难。妖精的天罗地网，密密层层，凭着唐僧的虔诚，八戒的无能，还有一个沙悟净，过得了火焰山，也出不了女儿国，收得了神仙的座驾，也赶不走佛祖座前的各路神灵。孙行者，就是西游之路的全部保证！因为他有火眼金睛，因为他有除妖降魔的本领。

孙悟空，就是我们所有小伙伴的英雄，能上天，能入地，一个筋斗云，就是十万八千里，对一撮毫毛一吹，就可以变出成千上万的猢狲。兄弟姐妹们一起玩，学着扮演这师徒四人取经时，我也总是忍不住去争当孙悟空，虽然三脚猫的功夫都没有，翻个跟头吃尽苦头，可还是想要成为英雄。光芒四射的滋味，天地唯我独尊的霸气，对小孩，也有超强吸引力。

我到底不过是一只软脚蟹，腾不了云驾不了雾，就连走路，都会自己折跟头。所有人一致认为我当孙悟空，那就是痴心妄想。我每次都要被指派做别的角色，唐僧倒还好，慈眉善目的，阿弥陀佛的，虽然常常被妖精捆缚，可到底还是悟空的师傅，派头还是有的。一不高兴了，还可以念个紧箍咒什么的，耍耍威风。要是摊上沙悟净呢，一场下来只能喊两句"大师兄，师傅被妖精捉走了"、"二师兄，师傅被妖精捉走了"，委屈是委屈了点，可还有那么一点点浩然正气，靠着师傅也还好乘凉。最厌烦的，就是去演猪八戒，吃喝拉撒的丑态，奸猾懒馋的性格，为色为钱的心胸，反正以我当时作为一个孩童的理解，是难以把这样一个形象调理到可以安然接受的状态的。

我的三哥很喜欢做八戒。我三哥是我心中的英雄，他自己养着一匹大黑马，很小的时候，他就可以骑着它过河。我三哥还会"飞檐走壁"，村子里有新建的房框（还没有封顶的房子），他在那房框上，敢从这一个墙壁飞到另一个墙壁。

我三哥喜欢做八戒。他做八戒的时候，常常要把嘴撅起来，还要在嘴上绑上一个长长的纸套，再取两把扇子，分别绑在两个耳朵上。他演八戒的时候，小孩子们就没人再去注意悟空。悟空上树探路时，八戒却在树上面拱来拱去，一会儿和鸟唠唠嗑，一会儿和树儿说说话，好玩极了，兄弟姐妹们笑得前仰后合。

可这让我非常不能理解，我认为我三哥这是自毁形象。我三哥说，八戒多有意思啊，孙悟空只会瞪眼，只会抡金箍棒，脑子里只有妖精，无聊透顶。我愕然，似乎有那么一点点道理！可又觉得哪里不对劲。

长大后，再到暑期，再到西游重回屏幕，我赫然发现，如果没有八戒，整个西游几乎只是一场枯燥的武装械斗。八戒果然是更出彩的那位，难怪这主题曲得以八戒的角度去唱。他才是那个拿得起钉耙、又能放下腰身的那个自由者。

世界虽然是危险的，可人生却可以是轻松的。就像取经的路，是斗争的路没错，可斗争的路，未必只有武装械斗。可这道理，大概没有几个人能懂。当我们还在学校的时候，我们就被告知，没有竞争力，就没有生存力。我们从一开始，就要被训练成为火眼金睛、始终紧绷着神经的孙悟空。

就是女人们，被莎士比亚称为弱者的女人们，也早就成了竞争中的生力军，甚至成为主将，一边扛枪上职场，一边还要埋头理家务。从早晨睁开眼睛的那一刻起，就已经吹响了战斗的号角。你得马上踢开被窝，一边整理家务，一边制订这一天的战斗计划：今天是拿下公司重点项目的关键日，我必须如此如此；今天是老公的生日，我还得这般这般；对了，还有公公婆婆的结婚日，我别忘了这样那样……

在女人们中间，曾经流行着这样的经典语录：女人啊，你必须要上得了厅堂，下得了厨房，杀得了木马，翻得了围墙，开得起好车，买得起好房，斗得过小三，打得过流氓。这还不算上永远也解决不了的婆婆媳妇小姑之间的战斗，要加上这个，那就更是得要活个上下翻飞、左右争斗了。

看看，这哪里还是女人啊，这分明就是悟空取经嘛！九九八十一难等着你呢，神仙们的座驾，佛祖的跟随，也早就埋伏好在路边，你要是没有个火眼金睛，你要是不能随时从耳朵眼里掏出那个金箍棒，你就等着人仰马翻，等着销声匿迹，不，等着灰飞烟灭吧。

女人，这是被解放了呢，还是被流放了呢？女人，生活过到今天，怎么就越来越难有淡烟疏柳的悠闲了呢？

有多少女人，顾了外在的名望顾不了内心的冰冷？难怪立刻就有女人感叹：这还不如回到远古，至少还有包办婚姻，至少还有一个混蛋丈夫，至少还可以躲进小楼，至少还可以无才为德。三头六臂，上天入地，我们如此坚强地挺立着，可能我们成了九九八十一难里的英雄，可我们却成不了自己心上的知己。

我常常想，如果这西行的路上没有悟空，那么八戒真的就不能完成取经吗？其实未必，你想，反正那些所谓的妖精，不过是佛祖和神仙们布下的圈套，真到了难以逾越的难关，不是神仙们现身了，就是佛祖要显灵，反正最后总是会安然无恙。所谓的关，所谓的险，不过是一场场惊吓的考验。

人生又何尝不是如此，从来没有过不了的火焰山。上天赐予我们的艰难，不过是一场提升的考验，一场经历的完成。紧绷着神经一刻不得放松是如此，悠闲自得能拿得起能放得下也是如此。那你何必一定要给自己上一个叫严苛的苦刑呢？你为什么不能轻轻松松地享受和世界拥抱的感觉呢？

如此，再去看猪八戒的吃吃喝喝，玩玩闹闹，那小家子气里，居然也有一种深意。就是好色贪杯，也还是有那么一点人间自有真情在的味道。众位看官，不知道你们怎么看？

女人们，即使这是一个必须要打起十足精神的时代，我们也没有必要把自己看成斗战胜佛，每天睁开眼睛，就得是火眼金睛，就得与天斗，与地斗，与宇宙神灵斗。虽然我们信奉命运掌握在自己手中，但是这机缘却不是你想要有就能有的。很多时候，轻松而坦然地面对人生，你反而能获得更多的精彩。生活说艰难是艰难，说好玩，也的确好玩。不要只看到到处是险境，就完全忘了什么叫人生。

世界并不是站在我们的对立面。我们所经历的事情，我们所面对的人，你把他们看作妖精，他们必然会幻化出三百六十条魔力，来纠缠你，来算计你，来毁掉你。可如果你把他们只看作是自己该享受的一种氛围，那么，整个世界都会变得特别温暖。

我们的心是镜，照着的世界，正是我们的内心。同一幅风景，有人看去，那就是远看山有色，可另外一些人看去，那就是近听水无声。有色的山，自是饱了眼福，可无声的水，苦了一颗等候的心。

我们每个人都对自己有一个期待，我们每个人在经历每一天的奋斗后，都带着一种守候，守候福音到来。安然淡定的时候，总比焦灼比拼的暴躁要好得多。

第八章

生活虐我戏我，我还是能美丽生活

　　有人曾经这样调侃生活：生活虐我千百遍，我待生活如初恋。这话说得有骨气，有底气，还有不少的缠绵之意，让人颇感提气。可这话又似乎有虐心之处，好像我们和生活永远无法达成和解。诚然，生活是魔鬼，它不知道为我们造了多少诱惑幻境，让我们在平地里体会出波澜的感觉，让我们在晴天时也感受到乌云滚滚。

　　可你想下去，所谓的诱惑幻境，不正是我们那不洁净的欲望吗？不管是波澜顿起，还是乌云滚滚，都是我们的思想、我们的心态、我们对待生活的态度。我们所谓的生活虐我，不过是我们自己的心境，我们自己在和自己的心境作战。倘若我们也如生活一样，波澜不惊，那还谈何魔魔鬼道？生活待我，如我待生活。千百虐境，我只取那最美一景。

心若不复杂，人生也简单

黛玉的超凡脱俗，是众所周知的。可这超凡脱俗其实是很难消化的一个词汇。怎样算是超凡脱俗呢？不理世俗是超凡脱俗？可那看起来不就是任性、无礼、冷酷吗？不合群不合时宜是脱凡脱俗？那岂不是孤僻、乖张、冷漠、自私了吗？

黛玉的超凡脱俗，与生活是有矛盾的。她明明是超凡脱俗的，可她却心念不静，刚入贾府，处处要小心谨慎，不肯被别人错看一点，又忍不得被别人小看一分。和宝玉恋爱后，又更是心绪烦乱，不但和宝玉没来由地制造误会，就是宝玉的那些丫头，比如不开门的晴雯，也会成为误会之源。

黛玉的心是复杂的，所以她的恋爱总是谈得磕磕绊绊，明明是远看山有路，实际上却是近处路全无。这当然是一种艺术处理，若没有这样的牵牵绊绊，那宝玉和黛玉的恋爱故事，读起来大概也索然寡味了。生活中，我还是喜欢让心绪变得简单一点。

我一直强调我们不要做林黛玉，可林黛玉再卑微，也还是有平常人难以有的自傲，因为有才华，因为有品性。我是连这样一点自傲都没有的。在最卑微的时候，我甚至想要化成一缕风儿，无声无影地消失掉才好，来，不曾来，去，也算不得去。

我低看自己也罢，毕竟，我是一个没见过什么大世面的小人物。若是悄悄地活在一个角落里，说不定哪一天也活出自己的意境出来。

可我不，我之所以如此卑微，是因为我总望着高处，我用一个个或才华横溢或者财大气粗的大人物，把自己一点点压扁，压到不敢喘一点大气为止。而且，即使望着高处，我还不愿去付出，因为我从骨子里觉得自己就永远是一个小数点，别人大笔写大字的时候，我不过是用一个小数点，在人生上费力地做出了一个模糊的点而已。

所以，我活着，常常觉得有负担，我和人交往，也常常觉得身负重物。在别人尚未看我一眼之前，我已经觉得人家看出了我的底色，看出了我的分量。每每在街上看到人们匆匆走过的身影，就心怀怅惘。我为什么不是那刚刚走过的一个人呢？为什么我就一定是我呢！

很小的时候，我就好奇，如果我不是我，我是另一个人，那么我会是什么样？我越是遇到了糟糕的事，我的这种想法就会越加强烈，我的自卑也就会越来越强烈。

我仔细把自己想了个遍，我终于明白，我之所以如此，是从一开始就有个恐惧在。我害怕世界，我隐藏自己。我不愿意去正视我自己，我总是想要成为别人。我那么大一个人存在，可挺立着的，不过是个躯壳，魂是早就走了，就差魄最后散了。我其实不用卑微，一阵风来，我就真的是可以烟消云散了。

为什么我就不能成为我？北方有一句谚语说，驴粪蛋还有发烧的时候呢。我怎么就不能活得兴奋一点，活得热情一点呢？哪怕就是个驴粪蛋儿，也敢于等着自己去发烧！

我有个发小，虽称不上声名煊赫，可也绝对是在某个圈子里大名鼎鼎。她最喜欢说我的一句话就是，你的心太乱。我画张画，她瞥一眼说，你的心太乱了，画不好；我和同学们聚会不发一言，她说，你心太乱了，都不知道自己整天想啥；我要是说了话，她还是说，你的心太乱，找不着自己。

我开始是气愤的，几乎把她当成魔镜一样，每天都对着镜子和自己唠嗑，你得长点心吧，难道还要继续被她小看吗？可现在想来，她尽管没有经历过坎坷，可在奋斗的过程中，那也少不了艰辛，她的眼界，她的格局，那一定是超过我的。

那天，我问她："你总是说我心太乱，是什么意思？"她说："你的思虑太多，你总是担心这，害怕那，想走这条路也不敢走，想过那个桥又不敢过。我就不喜欢你这一点。路就在你脚下，你只要走就行了，何必思前顾后、忧心忡忡的呢？"

我忽然想起亦舒曾经说起过这样一句话：没有选择，有时候才可能会是更好的选择。这大概和我这位发小的意思异曲同工。对我来说，有什么可想的呢，反正已经没别的路可走了，还能怎样，不如就踏踏实实走下去好了！有什么呢！就是走到死胡同，从头再来，也比原地踏步更好吧！

人们常说，心若不复杂，人生也简单。人生，其实本来没有那么多的枝枝蔓蔓，硬是被我们这些喜欢幻想的人想象出来、挖掘出来，甚至考究出来，来帮助自己磕绊人生。

想起李银河，中国第一位研究性的女社会学家，她只要一说话，立刻就会引来众多的围观和评价。一个"性"字惹来的围观，大多不过是对神秘世界的好奇，可偏是这个字，却又能诱发人性里说不清是黑是白的复杂。

2014年12月，李银河公开了自己的爱情史，她和一位"生理女性、心理男性"的人同居17年。说实话，我乍看到这条新闻，真以为李教授这是在用生命做性普及教育。

再看下去，江湖早就已经起了波澜，嘲讽的出来了，骂战的出来的，污言秽语就不用说了，连已经走了很多年的某一代人的偶像王小波也被扯了出来，爱啊恨啊，黑啊白啊，很是分析了一通。仿佛李银河犯了滔天大罪，十恶不赦。

看得我是浑身起鸡皮疙瘩，胆战心惊，想我这样卑微活着的，还是自如些，否则，站在那样的高处，那可不是一句高处不胜寒就能解决得了的。真是做女人难，做名女人难，做一个研究性的名女人就更难。

不是有个性学女硕士出家了吗？我不知道她是否是看破红尘，但顶着性学女硕士的头衔，加之眼见自己的恩师被某个组织成员泼粪攻击，我想她这实在是无法把自己的所学，用来解读红尘性事，索性出家了事。我的解读也许是浅薄的，禅悟了的人，自是我这等愚人无法解读的。我不过是庸人自扰罢了。虽然她们的研究与我实在无关，可还是替她们鸣不平。想她们有什么罪过，不过是做了一门冷门的学问而已。

我是一个活得卑微的人，对世界的纷乱，我是顾不得的。曾经的我，对李银河敬而远之，我认为那是一种吃饱了的人的玩闹，没有多少意义。

可 2014 年年底，李银河再次写了一封公开信，公开了爱人的照片，还为自己写了祝福。当然，这封信还是在怀念王小波的基础上写下来的。我一点也不觉得这有什么矫情，相反，如此看下来，反而觉得她才是性情中人。

信末，李银河说："我要每天做我最喜欢做的事，听令我精神愉悦的音乐，看令我精神愉悦的电影，读令我体会到美和快乐和感悟的书，去爱一个人和被一个人爱，感受那种刻骨铭心的激情，那种自由奔放无拘无束无边无际的激情。只有这样，我才能在我的 30000 天即将结束时，坦然面对最后的日子，并毫无遗憾地离去。"

这是我看过的最为坦然的一封自我祝福，也是最真挚的感情表白。道理再简单不过，我们早就已经走出了奴隶的时代，为什么还要用各种各样所谓的世俗来束缚自己呢？为什么还要用别人的眼光来衡量自己呢？

有那么一刹那，我差点就想要改学性学跟着李老师做研究。在风口浪尖上公开自己的故事，那该成为热锅上的蚂蚁，左也不着边，右也看不到岸才是。可是我们的李老师，却如此淡定，如此安然，如此率性，如此轻松。风吹过，不过是施了花粉，雨打过，不过是绿了又一春。人生不过是活给自己看的，时间已经毫不留情，我们又何必给自己那么多没来由的重负。

用我这颗卑微的心，朝李老师致敬！可终究懂得了隔岸花开、春满世界的道理。

千丝万缕的顾虑，不过是一丝灰尘，轻轻一扫，就能随风而去了。

可依靠的是自由的自己

黛玉的情境生活，有一个不自由的设定，那就是身在贾府。黛玉的性格，都要借助这个大背景描述，黛玉的遭遇，也都要借助这个空间来展开。贾府的荣华败落，才是正经的主题，而黛玉不过是这个大主题下的一道风景线罢了。

探春曾经说过这样一句话："我但凡是个男人，可以出得去，我早走了，立出一番事业来，那时自有一番道理，偏我是女孩儿家，一句多话也没我乱说的。"在那样的年代，任黛玉怎么来自仙界，又怎么聪慧多思，她也还是没有个自由身，自然做不得自由事，成不了自由的自己。

世界早就不是黛玉的世界了，就是当下这个世界，其实也不过是为我们而虚设的世界。我们在精神上是自由的，在经济上是自由的，我们有理由依靠完全自由的自己。为了这样的自由，我们首先得让自己获得绝对的自在之心。

我身材偏胖些，所以更喜欢和发福的朋友在一起，图的就是一个自在。我自有我的道理，因为外出吃饭，若举座都是赵飞燕，我恐怕吃饭就难以下咽。

肥妞自然因此成了我的"吃友"，我们俩常一起去吃自助，她说：真喜欢这种凡事靠自己的感觉，自己动手，丰衣足食。

肥妞所谓的凡事靠自己，不过是没有点餐的烦琐，没有被服务员另眼相看的不快，混杂在自助的人群中，旧盘去，新盘来，谁能看出你入口有几两？肥妞的说法是有些粉饰自我，可这自由自在的状态却的确是我喜欢的。

前段时间，肥妞开了自己的餐厅，餐厅还是自助模式。师傅们一律在厨房，上菜收盘的都穿着溜冰鞋（绝对是受过高强度训练的），快去快回，餐厅里的整体风景，几乎全部交给吃客。吃甜的，由你，吃苦的，也随你。肥妞说，凡事依靠自己，多自由！

我们常常说，这个世界不可依靠，我们只能依靠自己，我们必须要做坚强的自己。我们想凭着坚强，来完成人生只能靠自己的命定，却没有想到，我们如此不过是用坚强绑定了自我。上天赐予我们这个独立的个体，首先是自由的个体。没有自由，就谈不上坚强，没有自由，就谈不上依靠。

我最喜欢的一个作家萧红，我最叹息的就是她的命运。读她文章的时候，那简直就是一种享受，即使阴云密布，也能感觉出个细雨柔情，就是有个秋风扫落叶，也还不是悲壮，哀里痛里也会有一个了悟的沉思。

特别是她的《呼兰河传》，看着看着，就不由得要沉进去生活着。你看："花开了，就像花睡醒了似的。鸟飞了，就像鸟上天了似的。虫子叫了，就像虫子在说话似的。一切都活了。都有无限的本领，要做什么，就做什么。要怎么样，就怎么样。都是自由的。倭瓜愿意爬上架就爬上架，愿意爬上房就爬上房。黄瓜愿意开一个黄花，就开一个黄花，愿意结一个黄瓜，就结一个黄瓜。若都不愿意，就是一个黄瓜也不结，一朵花也不开，也没有人问它……只是天空蓝悠悠的，又高又远。"

这样的自由，这样的畅怡，想来神仙的世界也不会有吧。

我一直以为，这该是她的生活的境界，要么就是她的性格内涵。可是看她的经历，却只有步步惊心，只有天天险情。从一个男人那里逃离，到另一个男人的接济，降到没有底线的自尊。

2014 年国庆节上映的那个电影《黄金时代》，在宣传单上，那个颇显才华的句式"想……就……"让我非常困惑，以至于耿耿于怀。宣传单上，萧红的一张，是这样的句式"想怎么活就怎么活，这是个无所畏惧的时代，一切都是自由的"。萧红哪里有自己的自由呢？只有在东京的那一刻，她终于没有了经济上的压力，平静而安闲，对她已经算是"黄金时代"了。可即使静了，她还是觉得，"这黄金时代也是在笼子里过的"。因为她总有那爱情的苦恼，她总也找不到那个让她心安的归宿。生活，总还是没着落。

再看看萧军的海报台词："想爱谁，就爱谁！这是快意恩仇的时代，一切都是自由的"；鲁迅的海报台词则是："想骂谁，就骂谁！这是畅所欲言的时代，一切都是自由的"。越看下去，我就越是不舒服。

萧红哪里是自由的呢？鲁迅哪里是自由的呢？就是萧军，你说他是爱的自由者，这自由听起来怎么就那么地违背伦理道德呢？我一直认为，那个时代的人，自由意识是比我们现代人还要强烈的，也正是这种自由的思想，才会让萧红有了逃婚的开始，继而也有了娜拉的悲剧。

当然，我到底是一个思想的浅薄者，我想这宣传单上的句式，就是要解读那个时代的自由，以及这种自由可能给我们的冲击。导演也说，萧红是向往自由的，可她一直不得自由。可我还是不舒服，我总觉得，萧红是有怨的，活着的时候有，临终的时候，也不是完全淡然的。

她经历了几个男人，怀了几次孕，生了几个孩子，可临向这个世界告别，她的身边，就只有她自己。男人们是早就接二连三地离去了，没离开的，也是知了面不知心。而孩子，早在刚出生的时候，就各有各的结局了。她哪能没有怨？临终时她的绝笔如此说："我将与蓝天碧水永处，留得那半部'红楼'给别人写了。"一半是淡然，一半是无奈，这无奈，含着多少怀念和抱怨啊。与其说她是自由的，还不如说她是矛盾的，当然，这矛盾，是探索自由中的矛盾。

萧红的人生，在那样的社会环境中，她几乎无法实现依靠自己，以至于到最后，她形成了一种思维习惯，这样的思维习惯致使她终于掉进自己的厄运循环，从一个男人，走向另一个男人。这不是自由的爱，也不是自由的生活，这完全是一种溺水抢救命草的依赖。萧红，到底还是没有找到自由的自己，所以，她靠不了自己。

　　我常常幻想，如果让萧红再多活几十年，早早晚晚，她该能活出真正的任性，活出真正的自由，活出真正的黄金时代。不是在牢笼里的，不是在依靠上的，只是所有的一切都已经云淡风轻，所有的一切都已经停船靠岸。她只是她的，与任何人无关。当不懂文学的人们再提起她的时候，就不再想只看她的风流韵事（在她，又哪里是风流韵事呢），不再只提靠近她的那些男人。男人们没有了对她是非的评议，她自己也完成了对自己的塑造。

　　那个女性不太自由的世界，有一个萧红，那个女性备受束缚的世界，还有一个秋瑾。秋瑾与萧红的区别，是意识上的人格独立。我是爱萧红的，可我又悲萧红盲目地追求自由，她该向内在而不是外在去寻找自由。她把自己推上了一条不自在的路，又怎能寻得了自由。

　　如今，世界是已经变了的。女人，是既自由又自在的了，所以，不该再有萧红或者娜拉的悲剧出现了。可是，并不是所有的人都懂，也不是所有的人都愿意自在。有很多人就是把诸如奋斗、功成名就等当成独立的借口，束缚自己的自在，同时，也束缚了自己的自由。

　　也有人，不走什么奋斗之路，只愿意从捷径中寻找自由，就像路边经常发生的那些快意恩仇的事情，什么小三对大婆啊，又是什么红旗压彩旗的。那倒是"想爱谁就爱谁""想骂谁就骂谁"。一干人等围观，还乐此不疲、扬扬得意，甚至还传出什么"这就是真本事"等论调。毁了三观暂且不论，不知道失去意识上的自由，她们作何感想？

　　说起来，这也是一种人生观了。人毕竟有人自己的自由，人家愿意把依靠进行到底，也没有什么大不了，只要人家觉得好，就轮不到我在这里指手画脚。

　　我想，我的自由，还是去和肥妞一起吃自助吧，自己靠自己，足食足味。

改变不了生活，就改变生活方式

看《红楼梦》，我常常喜欢为黛玉想出若干个如果：如果黛玉没有寄人篱下之苦，如果贾敏带着黛玉在贾府里生活，如果宝钗是黛玉的亲生姐妹……我的如果，是一种心疼的如果，是一种世俗的如果，这如果，是让黛玉不掉进那样悲苦的情景设定的。宝玉在薛宝钗做桃花诗时，曾经说过这样一句话："比不得林妹妹曾经离丧，作此哀音。"可见黛玉的忧愁烦恼，皆因离丧。可是后来又想，如果黛玉能够和贾母多多沟通，如果黛玉能够更贴近生活一点，如果黛玉能够乐观地看待一切……这样的如果，则完全是一种批判了，是想要改变黛玉的性格心态了。

黛玉自然是一个不完美的人物，作为艺术形象，可以鉴赏，作为生活原型，又可以借鉴。我们不是黛玉，但我们也如黛玉一样，身不由己地会跌进各种各样的生活情境中。我们无法给自己造出许多情境上的如果，可我们却有可能为自己造出心态上的如果。毕竟，我们改变不了生活，但我们还可以改变生活方式。

我初中时候有一个数学老师，生得膘肥体壮，快五十多岁了，还能做空手翻。我们在操场上运动，他就在旁边"霍霍"叫着翻跟头。可翻完了，我们叫了好，他忽然就心生感叹，说道："你们说这人活着到底是为什么呢？"弄得我们面面相觑，不知道要说什么好。我们不过过了十几年的人生，哪里就懂了活着到底是为什么。

我不知道这老师是不是没有知音，反正他好像有一肚子的话无处倾诉，上课的时候，逮着机会就给我们长篇大论，从社会主义到他们家的人，再到人生的意义，虽然我们似懂非懂，可没有了枯燥知识的干扰，到底是有趣的事情。我们大多显得极其兴奋，甚至还会插嘴给个不着边际的评论。于是，一种讲述数字的学问，就被我的老师和我的同学共同变成了分析人生的课堂。

我这老师，虽然感叹过"人活着到底是为了什么"，可他并不悲伤。他只是想要从那按部就班的生活中，剥茧抽丝地找出个话题，从我们稚嫩的人生体验中，寻找他青春的回忆罢了。每当我们被他的那些理论弄得不知所措的时候，他都会一边笑，一边说："我就爱看你们，被我搅乱了思绪，还没法整理。不过，这话到此为止。"说这话时，他既兴奋又有些紧张，还故意把食指放在嘴边，做出"嘘"的噤声状。他越是这样，反而越是诱惑得我们想要扔了课本，搅乱课堂，反正思绪已经没法整理，不如将乱就乱。纷乱，不就是青春的本色吗？没有无法整理的痛和悔，又怎么能蜕掉幼稚得到成长呢？

可并不是所有人都喜欢这乱。就说教导主任吧，他自己是一个有板有眼的人，他的任务就是管束所有的学生按部就班，让所有的误入歧途者言归正传。所以，对教导主任来说，我们的思绪是不能乱的，是横一条竖一条给一句话就能整理成一个方正的。

因此，教导主任对我这数学老师，看着就格外不顺眼。有一次，就在我的数学老师正讲述他们的村庄现存的那棵老树时，教导主任忽然一步踏进来，我们的思路都来不及转换，只看到了一张格外铁青的脸。我的数学老师看着教导主任，脸上不动声色，嘴上继续胡说："相传这棵老树里住着一个神仙，他的名字叫后羿。月亮一出来，这树枝的左右两个大叉子形成两条射线，像座通天的桥，直指向天，可这直线在地上的影子却交叉在一起，再加上其他的树枝搅混在一起，就形成个半圆，那地上的影子就像是一把张开的弓箭，就像这样……"说着我的老师就转过身去，在黑板上一本正经地画两条射线，然后再在射线边画一个半圆，然后问道："现在我的问题来了，如果这两个大叉子无限伸展出去，那么它是否能到达月宫?"

我们一边看着教导主任那铁青色的脸，一边异口同声地回答道："能。"有个孩子说："射线能无限延长，直到月宫。"教导主任勉强缓和了一下脸色，点点头，走出去了。他刚一出门，我们都忍不住哈哈大笑起来。数学老师"嘘"了一声，继续讲述射线和半圆，当然，偷个一句半句的空儿，还是把那棵老树的故事讲了个活灵活现。

我们虽然还不懂人情世故，可还是觉得有些担心，这样嗅觉灵敏的教导主任，是否能放过这位携带"精神毒药"的数学老师? 但我们完全不用过多担心，尽管我们的课堂是最不靠谱的课堂，可我们班的数学成绩却永远居高不下。

我们毕业的时候，数学老师说："我只有一个梦想，那就是希望我的学生即使在教室里，也不会只是刻板地学习。"

我们一天天长大，我的数学老师一天天变老。他还是在那个校园，还是在那几间教室，重复着一道道数学难题，也还翻着让体育老师都有些恐惧的空手翻，也还说着不着边际的人生数学（不是人生几何）。

有一天，我忽然明白了我的老师那"人为什么活着"的感叹，他的日子，是一种无限制地重复，他的人生，是只能立定在一块狭窄空间的束缚。很多事情，他无法控制，很多现实，他无法改变，他不甘心，可却没办法、无能力。当我们的人生到了某一个阶段，几乎所有人都会遭遇这样的瓶颈，突破不了，结束不得，没有天，没有地，只有一块天花板。

有些人，可能敢于推倒了重来，或者另辟蹊径，终于会看到另一片天地。可很多人工作变不了，家庭变不了（这个最好不要变），生活一旦被固定，就再也没有了新鲜。如此，日复一日地复印生活，又怎能不发出"活着到底是为了什么"的感叹?

有一些女生，结婚生子后，除了能在童言童语中找一些可遇不可求的童趣之外，就完全失去了寻找生活意义的乐趣。当然，意义，还只是一个词汇，真正的乐趣，还在于寻找的好奇心，还有寻找的过程。

我们改变不了生活，可我们改变得了生活的方式。就像我的数学老师，他的课堂其实就是一种人生的发散，他是老了，他是被固定了，可他的心却还是保持着青春的悸动，他甚至愿意为此付出代价。当然，他最后还是稳固了他在学校的核心地位。

人生之路就是这样，走着走着，你就会走进一种僵化。这所谓的僵化，不过是你自己给你设的圈套罢了，不妨拆一下自己的台，幽生活一默，很多时候，你从中得到的，不只是快乐，还有柳暗花明。

这是一个需要娱乐精神的时代，你还活在传统的模子里，又怎能触得到时代的脉搏，又怎能做到与时俱进？

不管世界是否残暴，你曾经如此温柔

想来，黛玉不幸亦幸，虽死犹生。世界的残暴，最终吞噬了这个脆弱的灵魂。可她的温婉，她的超然，让宝玉"终不忘"，让我们后世几代的读者铭心镂骨，念念不忘。

黛玉离开世界的时候，痛到极处，既有对宝玉的心如死灰，又有对宝玉的恋恋不舍。特别是那声凄厉的"宝玉！宝玉！你好……"未完之话，更是充满了无限的哀伤与愁怨。想宝玉曾经说过："既知今日，何必当初？"黛玉大概也是有这样的质问吧："既知今日，何必当初？"

如此的凄惨，让人落泪之余，不免要去抱怨这个近乎残酷的世界，为什么下手如此之狠？我们虽然都不是林黛玉，可我们一样会有这种那种黛玉一样的遭遇。所以，我们的抱怨，又夹杂着自己对世界的感情，夹杂着自己对那些残暴的遭遇的怨恨之心。

我早就说过，世界走到哪里，都只是一个一成不变的世界。唯有人群，才打扮了世界，唯有社会，才修改了世界。

就如当下，这是一个繁华的世界，却不是一个温柔的世界。世界的耐性，大概早在人们自造的喧嚣中给磨掉了。你抬头，可能就会看到一张冷脸，你回首，看到的也是冷酷无情的背影。

不知道是人群让我们暴躁，还是我们让人群暴躁。反正，就是一趟上班的高峰，你都能体会出什么是蹂躏，什么又是折磨。

一个男生和一个女生在地铁车门处擦身而过，不，应该说是擦伤而过，上车的男生力度太大，下车的女生又被挤回车厢，耽误了行程事小，这受了侮辱事大。女生几乎不错口地骂起来："你是拈花佛手吗？你是摧花淫贼吗？大庭广众之下，众目睽睽之时，你居然敢如此行淫放浪，你是看出当下的女生都是好欺负的，是不是？你是没看到姑奶奶马王爷长着三只眼是不是？你欺负别的女生可以，你到了老娘我这里，那就只有死路一条。我告诉你，今天我就豁出去不上班，我也会让你这淫贼死无葬身之地。"

那女生本来还有三分姿色，可在这样伶牙俐齿的攻击声中，人们就只剩下看她那马王爷的第三只眼了。

男生本来宽眉阔目，似乎是能容之人，可也不知道是女生的哪句话点燃了他的怒火，他毫不示弱，反唇相讥："我反正是要上班的人，我不知道居然碰到了哭丧的人。人都死了，何必悲伤难过，拽上别人不开心？"

女生话说得损，男生话也说得绝，可想而知，这就是一场混战。可这是上班高峰，别看两人在门口处贴胸蹭背，到了里面，早已经被人流挤到了两边。饶是如此，也免不了那一场男女声的混战，尖利的，粗鲁的，骂声不决。

那场面，真是群情兴奋，那些个无精打采地低着头看手机的，也抬起头来看女生和男生的热闹，起哄喝彩。就在这时，听门口一个黑大的壮汉暴喝了一声："别吵了，老子光顾看你们吵架，都忘了下车了。"他说完，等车门一开，一堆人挤成个死疙瘩一样冲出门外，脚一落地，有的人笑，有的人吹口哨，有的人还不忘回头瞟一瞟，看看那男生是否还有英武气，看那女生是否还伶牙俐齿。

男生是早就混在人群中走了，女生又被新上车的人挤在了门口。当列车远去，站台上的人，只看到那女生紧贴在玻璃上的脸。那脸，真的没有马王爷的第三只眼。

这种场面见多了，你就会觉得我们都生活在暴躁的人群中，被别人蹂躏，我们又回头折磨别人。一个人的怒火，你可以当作是别人的热闹，可是怒火勾连着乱窜着，说不定哪一秒你就惹火烧身。

这还只是一个暴躁，另一些人的遭遇，简直就可以称得上是残忍。我曾经听过这样一个故事：

女孩子的父亲卧床十三年，在一次次的生命回转后，终于熬到了尽头。关于死亡，家里是早就有过准备的，可是事到临头，女孩哪里还想到这些，只顾流泪悲伤。女孩的妈妈也发着懵，没了主张。

就在这时候，有人告诉他们，要去给逝者买寿衣，定殡仪馆，找灵车。女孩浑浑噩噩地跟着一个陌生人去买寿衣，那粗制滥造的布料，在那间昏暗不清的房间里，让人看了特别不如意。可就这样的一件衣服，那卖者还是肆无忌惮地来了个狮子大开口，女孩张口要讲价，对方马上抢白说："都这个时候了，你还来讲价？死的不是亲人吧？"女孩那已经擦干了的眼泪决堤而出。她转身就走，那店主却上去一把抢过钱，把那件衣服扔给了女孩。

这还只是开始，到后来，找灵车、殡仪馆等，女孩的身边始终围了这样那样的人，有人指挥她要怎么做，有人强塞给她某个物件，有人干脆就什么都不干，只围在她身边，说些什么咒语什么时机不对的话，吓唬女孩她们家将有更大的不幸，让女孩给钱，他们来给找破绽化机缘。

女孩一下子明白了，这些绝不是因为可怜他们的不幸而来自动帮忙的人，他们，是猎狗，是秃鹫，不，猎狗还有个敌我，秃鹫还有个饥饱，他们，是贪得无厌的抢钱者，禽兽不如。

在最悲伤的时刻，被如此残忍地掠夺，女孩真是又痛又气。不过一转身，看见父亲还算安详的脸，她一下子打起精神来，擦了眼泪，冷酷地拒绝了一切掠夺者。然后一条条、一桩桩，一件件，都按照已经准备好的来过。来讨钱的，看不到油水，都炸了锅，女孩的耳边充斥了各种讥讽声，什么没钱，什么没脸面，什么要有大难，女孩呢，安之若素，不理不顾。

一切都办妥后，回到家里，女孩才瘫坐在地上，放声大哭。她哭道："爸爸，我希望在你最后一程，你感受到的，不是这个世界的残暴，而是我们家里人对你的温柔。"

我心里和女孩一样，是痛恨着那些禽兽不如的人的，活下去的手段，对于他们来说，只有残忍的杀人夺命。也许，活到最艰难的时候，人性常常没有底线。可人之初，性本善，这些如秃鹫像猎狗一样的人，未必没有一颗温柔的初心。只是，他们到底把纯良的人性打翻在岁月的泥浆中，不能再奉献自己的温柔罢了。这是他们人生中最大的憾事。

我也经历过人生的低谷。当年我为了获得一份工作，硬是抢了姐姐已经穿上身的小西服，连姐姐西服兜里的钱都劫掠而走，被我姐姐一皮鞋打在背上，痛了好久。

有意思的是，那天面试，我痛痛快快地失败了。回家的路上，正碰上两个非常体面的人，拽住我的手说，他们是从外地来，丢了钱包，现在没法回家，求我帮帮忙，我若能帮忙就一定会获得大富大贵的。我伸手从包里把姐姐的钱拿出来给了那两个人。那天晚上姐姐下班回家，要找回衣兜里的钱，我说我求了大富贵了。我姐姐一听拿起一把衣架就戳过来，差点把我的脸戳个洞。我大哭大骂，可她也大哭大骂，她骂道："你没人性也就罢了，你还被更没人性的人骗了。"

我姐姐一直认为那两个穿着体面的人是骗子，可我一直认为，那不过是人家遇到了难处，我振振有词说道："看见有难处的不帮你一把，你是想人生以后怎样?"为了那无端走失的金钱，我姐姐更是义正词严：你不过是听了一句能够大富大贵的话罢了。

我和我姐之间是不能温柔相待的，因为我们之间本来就有温暖。尽管我们互相揭着老底，可我们最后还是相拥而泣。她对我再强硬，最后也还是柔软的。

每个人的身边，都有这样的柔软，都有这样的温柔，不管世界怎么残暴，我们都能够享受到这样的温柔，那么为什么我们不能更温柔一点呢?

人生再苦不过是杯茶之苦

高僧们都说，苦才是人生；成功学家们也说，宁肯苦一阵子，不要苦一辈子；励志者们也说，忍不了苦，就享不了福；还有一些哲人说，人生的痛苦，源于清醒，宁肯清醒地痛苦着，也不要浑噩着幸福。不管怎么说，苦，肯定是逃脱不了的，关键看你怎么看待苦。

我则认为，人生再苦，不过是杯茶之苦。你清醒着也好，你励志着也罢，抑或你就是个失败者，那苦，也不过是如此。人生最煎熬的时刻，不过就那么一两点，大多时候我们的苦，不过是附加了各种欲望之后的感觉。

就像为了一场比赛，你苦熬苦磨苦挣扎，指望终于可以修成正果，可谁知最后到底还是落得个一败涂地。这时候的苦，就已经到了极致。再下去，看到没有名，没有利，甚至可能敏感于别人的一个态度一个眼神，那都不过是自我感觉。没有名，怎么就苦了? 没有利，怎么就苦了? 你之前的很多岁月，不都是没有名的，没有利的，你为此苦过吗？为啥到现在想起苦了？还不是因为你多给了自己一个名利的负担。至于别人的眼神和态度，那更是身外之物，你愿意看，看两眼，不愿意看，大可以把它撇至一边，谁的眼光也养活不了别人，谁的态度也杀不死别人。

有一段时间，我患了咽喉炎，虽不是特别严重，可嗓子里有什么东西堵在那里，感觉此路不通，必得送上买路钱。我妈说，家乡有一种叫"苦麻子"的野草，治这最有效。我妈给我送来一大包，我每天都喝，那味道，是真的苦。第一口下去，我愣是打了个冷战，舌头伸出去半天缩不回来。

我妈逼着继续喝，她说她就是受益者。既然有一个实例就在眼前，我也决定尝试一下，就捏着鼻子往下灌。喝第一杯的时候，痛苦不堪，喝第二杯的时候，痛苦难言，喝第三杯的时候，忽然就感觉舌尖甜上来了，我以为是自己的味觉出了问题，可吃其他的东西，该酸的继续酸爽，该甜的，也持续甜蜜。味觉肯定是没问题的，那么，难道说这就是苦尽甘来吗？

甘是来了，可嗓子的堵，也还在。为了让这进口之路一路畅通，我还得继续喝。可之后再怎么喝，也不会觉得有多苦了。其实，"苦麻子"还是原来的苦麻子，可在尝过苦的嘴里，那侵入骨髓的味道，已经大大减弱了。甘甜的味道，倒是常常有。一口满满的苦，到最后总是会品出那么点甜来。

有几次，感觉那苦味实在是有气无力的，以至于那苦后的甘甜感觉也完全没有了，就自动加大了"苦麻子"的量。我妈妈发现后，很是惊讶，问道："你到底感觉怎么样？嗓子好点没有？"我这才想起，我喝"苦麻子"原来是为了治疗咽喉炎。我干咳了两声，那咽喉不畅通的感觉不知道何时已经不见了，果然良药苦口利于病啊！

味觉是如此，生活的感受大概也是如此。想那史玉柱当年遭遇大厦之倾，然后又东山再起，他的成功，一定是苦后之甜，格外的甜。以我这个旁观者来看，都有一种修佛成仙的感觉，何况他自己呢。如果我们能把生活中所有的苦，都当成一种历练，迎苦而上，那我们肯定会有难以言传的甘甜。即使不能，也能让那苦，止于一件事的苦，不要让苦蔓延。

上大学的时候，我曾一个人去过五台山玩。在五台山，我认识了一个女孩子。她是那种不显山不露水的女孩子，容貌是清秀的，可人特别沉默寡言。和她说话，常常有一种黑夜走失了的感觉，你有上句，她不会有下句。你再看她那脸，"无悲无喜"，不管你说什么，她总是这副表情。我初认识的时候，总是以为她要么是听力有问题，要么就是脑子有问题。

五台山非常冷，五月初，在北京已经是春暖花开，在那里，还是白雪未消。我住的房间，恰在高处，常常一开窗，就能看到白雪山和山前的青烟。那天，我又见到那个女孩，就问她："你觉得是那盖着白雪的高山好看，还是被烟雾罩着的高山好看？"我其实心里并没有什么比较之意。对我来说，高山就是高山，白雪就是白雪，青烟就是青烟，万物世俗，无所谓好坏，来了，自有道理，去了，也一定合当归去。只是我对她产生了好奇，就抛出了这样一个问题。

问题是有了，可我也还是没有指望她能给出答案。同在一个院子里住着有几天了，我还没有听过她说话。谁知，女孩回头看了看青山，院子地势稍低，青山只露出一角，这一角上，还罩着白雪，有点斑驳的意思。那女孩忽然说："我刚发现，这山居然被雪冲出了裂口。"我吓了一跳，瞪大了眼睛看她，她的神情显得特别兴奋，眉眼都好像开了一样，嘴唇也显得红润润的。我诧异极了，看她还指着山，就又去看那山。那山，的确如她所说，在残雪的映衬下，山的沟沟壑壑一条条特别明显，说山被白雪冲裂了，似乎的确有那么一点点意味。我不禁笑了起来。

女孩转回头，看看我，叹口气说："你肯定拿我当哑巴了，是不？"我赶紧摇头，虽然她已开口，可因为突然开口，我更摸不透她的脾气秉性，我们都是外来者，谁也不知道谁的底细，谁也不知道谁的来因。

女孩似乎看懂了我的心思，她说："我只是有些事情没有想明白，所以才来到这里。来到这里，我的脑子里、心里，只有一个声音，那就是阿弥陀佛。刚才看那青山的时候，我忽然就想明白了，我们就是青山啊，不管有没有雪，其实我们早有沟壑，只不过下了一场雪，山成了雪的世界，雪半化不化，山才有了这样毁容的感觉。"

这话说得太精彩了，我连连称赞。我，只是五台山的一个过客。那时候也痛过，可还不懂什么是大痛，只是有很多这样那样的能说出来不能说出来的欲望。我没有想到，这个女孩，能这样看待五台山，能这样理解人世间。

我和女孩慢慢熟悉了，我们俩一起去塔院寺，一起去观音洞，还租了车爬上南山寺。那时候的五台山，还没有现在这样游人如织，香火气息是很浓的，可就连寺里的和尚看着都懒懒的。不过一切都正好，不多也不少。我们俩乐得悠闲。

大概是在观音洞，我俩刚到门口，就听到一阵凄楚的哭声，等我们进去后，发现一个中年妇女正在山下的岩壁处跪着哭，一边哭一边朝山上磕头。哭声很大，完全是那种号啕大哭的形式。

有个小和尚正好从山上下来，走到此处时，上前扶了她一把，那女人站了起来，但还是大哭着，也不说话，只是双手合十看着那小和尚。小和尚说："上去吧。"那女人就点点头，顺着台阶上去了。我和同行的女孩面面相觑，不知道那女人到底遇到了什么事情。再看那小和尚时，已经不见踪迹了。

山下的石壁处有一个小的洞口，洞里摆着一个佛像，佛像大概是陶土做的，面容已经有些斑驳，看着甚至有些狰狞。女孩站在那里看了良久，我也站在那里，双手合十。我不知道该怎么祈福，只是想着上天给我一个好命。

正是中午，观音亭和观音殿的和尚们都去吃饭了，整个山静极了，静到你看着香炉里冉冉升腾起的香烟仿佛都能发出声音一样。我忽然想起来，那个号啕哭着的女人怎么不见了？我问女孩，女孩也摇头说没有看见。观音洞只有一条路上山，也只有一条路下山，周围都是陡峭的山壁，她总不会飞下去吧。

不过这也只是一转念间，我和她素不相识，她的苦，我不知，就是知道了，我又能做得了什么呢？连那个小和尚，大概也是不能做什么的，最多，他只能扶起正在痛哭着的她。我这样想了一会儿，很快就忘了这个人的存在。

四处都游了，我和女孩准备回家。可就当我们走到山下的那个石壁处时，那个女人又出现了，她还是在号啕大哭着的，正在石壁处跪拜。又是那个小和尚，经过这里，伸手扶了她一把。那个女人这才起身，也还是不说话，对着小和尚双手合十一下，转身走了。走到门口，那哭泣声忽然就停了，她回了头，朝着山寺深深鞠了一躬走了。

我愣呆呆地站在那里，一直看着她。直到女孩拉着我走出观音洞的院子，我还是沉浸在那个情节中。就是现在，我想起这件事，都觉得特别奇幻。在同一处石壁，我两次见到那个女人，还有那个小和尚。这要是一个故事，就该是一个还算不错的开头。可这头开了，故事却没了。

走出观音洞的院子，女孩说了一句："从此以后，所有的痛苦将不再会干扰到我。我还是我，我永远是我。"她朝我笑，笑得特别甜美，眉头舒展，眼角含笑，满面春风，那样子，就我这个观者，都感觉好像打开了一个心结一样。

第二天，女孩打包回家了，我也要离开此地了。临走前，女孩送我一串核桃做的佛串，说："希望你一切都好。"我也送她祝福，可我们只是祝福，甚至没有想起来要留下一个联系方式。

我们真的只是风中之缘，偶尔见一面，然后又各奔东西。可我在讲这五台山的故事时，就觉得一定要让她出来讲几句话才好。我很想念她，想念她对我说的话，想念她对我的祝福。只可惜，她送我的那佛串在之后的辗转中已经丢失不见了。我也想念在寂静山林我们一起走过的观音洞，甚至那号啕的哭声，都别有韵味。

我猛然想起，那个痛哭的女人，在观音洞的门口，将哭声生硬地停住，大有意味。她的意思该是：所有的苦，只在这里诉，这里有人听，这里有人助。出了这个门，就要自己打起精神，自己扛着所有上路，不再痛哭。

WO BUSHI LINDAIYU

我不是林黛玉

第九章

你是最好的自己，
才能遇到最好的别人

　　人生，是一场控制不了的自相矛盾。成长，就是修补不完美，可成长，同时又是抹掉曾经的完美。我们都在生活中打转，凭借着世俗的反光镜，看到自己。我们永远无法正确评价自己。此时，也许我们沉迷于自我的一点修养；彼时，我们又会懊丧自己的那点德行。

　　我们当然想要多一点修养，多一点内涵。毕竟最好的自己才能遇到最好的别人。可当我们遭遇懊丧，却也未必是坏事，那正可以让我们更多地检视自己、衡量自己、矫正自己。人生就是放长线才能钓到大鱼，我们也只有把自己放在更长的时间段里来评价自己，来修整自己，我们才不会局限于自己的嗜好中，只看到片面的自己。

过不了自己的关，你只能懦弱

黛玉是有忧伤情结的，这忧伤情结，在一定程度上给她蒙上了一层凄美的面纱，可更多的时候，却让人看出一种心虚的荒凉。生活中，倘若我们只顾东施效颦地把玩那种忧伤的情结，我们就可能会把自己送进懦弱的深渊。

常有前辈们告诫说：如果你不够强大，那么你注定要被践踏。黛玉的悲剧，就是因为她无法做强大的自己，她只能任由自己悲哀愁怨，最后被生活践踏。

我是一个懦弱的人，前辈们的话，是准准地戳到了我的痛点。可因为当时还没有进入社会，我对此不以为然，认为都是有血有肉的人，谁也没有什么神通，谁都需要吃苦，没有必要互相践踏吧。何况，我们同样生而为人，我们可能经过几万年的擦肩而过，才修来今天互相交流的缘分，难道不该珍惜吗？

走入社会之后，我终于感受到了人要强大的道理。越深入社会，听到的关于变强大的呐喊就越是让我震撼。看着每个人都是春风拂面，可是坐下来一谈，每个人都有满心的冬寒。听得多了，看得多了，也终于明白，不是每个人都可以成为你的朋友，有一种靠近你的人，叫敌人；不是每一种缘分都是好的机缘，有一种缘分，叫孽缘。

可我还是觉得，敌人是少数，孽缘也是微量。世界如此美好，太阳正在高照，怎么就那么容易遇到毒蛇和厉鬼。

有个朋友跟我说，你要是觉得世界上的人都是好人，你其实不过是懦弱的。这话有些彪悍，以至于我一时不敢拿出早就准备好的类似于单纯、善良，还有积极乐观这样美好的词汇来为自己申辩。在懦弱面前，善良总显得有些心虚；在懦弱面前，单纯总是显得有点做作；在懦弱面前，就连积极乐观都是一种自我践踏。国破的时候，善良了，你就只能做亡国奴；家亡时，单纯了，你就只能做丧家犬；事业毁了，你还积极乐观着，喝着西北风也不会喝出美味来。

朋友是个人生经验极为丰富的人，她的话值得信赖，她的经验值得拥有。回想一下，小时候听《三国演义》的时候，不是也觉得鲁肃这个人实在太善良了吗？刘备诸葛亮霸占了荆州，他一而再、再而三地容忍，以至于孙权为了一个荆州，等了那么多年。每次曹刘两家有什么动静，鲁肃都得被孙权找出来，为荆州的事儿被抱怨一番。而鲁肃呢，还是善良着，接了王命，备了厚礼，把能说的好话坏话都想了个遍，再去刘备诸葛亮面前周旋，还是无法周全。最让人觉得不可思议的事，他去时信心满满，回来的时候，居然也不丧气。就连我这个小听众都知道诸葛亮给他的只是一个好听的借口，为什么他那么大一个谋士，听了一遍又一遍，却还那样心动？

长大了想一想，就更是想不通。鲁肃的心中当然有一个江东大局的顾虑，可即使如此，还是无法掩饰他近乎愚钝的善良和单纯。他喜欢诸葛亮的聪明，他相信刘备的信义。大汉刘皇叔，在三国里是义气当头。可这不该是个善良的时代，生存已经变成了你死我活的争夺战。想当初，刘关张结义后为了闯荡天下，竟然要把自己的妻子儿女杀光，连亲情都没有了，还哪里来的信义？刘备的所谓信义，不过是建功立业的一种手段，不过是笼络人心的一种宣传。看穿了刘备的虚伪之后，再想到鲁肃，就更是觉得他很悲哀。几次三番讨要荆州，他几乎成了一个被戏耍的小丑。

有了这个故事做底衬，我就不能不认同我朋友的言论了，的确，不是所有的善良，都能用来修饰懦弱，也不是所有的懦弱，都能撑得起善良。至于单纯和乐观积极，有了懦弱的底子，那不过是一种逃避，粉饰好的逃避。

我们当然还是要善良着，我们当然也还是要尽可能地保持单纯，我们当然也还是要积极乐观，可我们不能做一个懦夫。

记得有一位作家在分析尤二姐的时候，就认为尤二姐之死，来源于自己的懦弱。之前已经有了妹妹的刚烈自刎，她还是相信这世界上的人能对她友好相待。王熙凤的威名，纵然已经如雷贯耳，可是听了王熙凤几句仿佛贴心的话儿，她立刻就把对方当成了知己看待。就是进了贾府的门，终于明白了王熙凤的本性，甚至也看到了贾琏的真心，不过是拿她当个玩物，可她还是相信，只要能低声下气，只要她以礼相待，忍耐久了，这两个人总会给自己一席之地。可事实是，只要她人不对，那么她做什么都不对。

如此看来，尤二姐也的确是懦弱的，把已经张牙舞爪露出了本相的人，还能幻想出友善的面具，也难怪她有那样的结局了。

那么尤二姐是懦弱的，尤三姐就是坚强的吗？似乎该是如此，刚烈到不惜拔剑自刎，那自然是一种刚强。可你若仔细去想，这刚强里，似乎也还是一种懦弱，以至于用歇斯底里的方式表达自己。为什么这么说呢？

柳湘莲听了别人的话，认定她本性轻浮，过来与她退婚，她就觉得难以接受，以死明志。这种极端的剖白，正表明她活下去的准绳，是在一个对她一点儿都不了解的柳湘莲那里。尤三姐是把柳湘莲当成了好人，她是用他的标准，衡量自己的人生。按照朋友的理论，这不就是把不该当好人的人当成了好人，这不就是那种不敢面对不是好人的好人而自甘懦弱吗？姑且不论柳湘莲到底是不是好人（书中说他也是眠花宿柳、赌博吃酒，可在那个时代，这大概也算不得有多坏），尤三姐对他又能了解多少呢？用这样一个人来为自己做人生定论，不是有点太过愚钝了吗？

在贾珍贾琏面前，尤三姐是肆无忌惮的，在这些人嘴里，比柳湘莲还要低劣的评价，不知道要有多少，可她听而不闻，可能高兴了，还会凑上一趣儿。可这话要出自柳湘莲，她就无法接受。

想当初，尤三姐在贾琏的"小公馆"里胡闹的时候，难道没有认识到自己当下的尴尬吗？难道没有想到过被人如此评价的结果吗？绝不可能！不管是尤二姐也好，尤三姐也罢，从贾珍贾琏的态度，她们就已经明白，她们只能红成墙外之花，只能美为水中之月。她们深处道学时代，已经迈出去的这一步，已经是被世人不容。当尤三姐尽情戏耍贾琏贾珍的时候，其实正是对自己命运的一种践踏。既然有在柳湘莲后拔剑自刎，又何必当初在贾珍贾琏那里毫不珍重呢？

反过来说，如果你过的就是一种自由惬意的日子，你又何必对柳湘莲的一句评价那样看重？如此自相矛盾，恐怕早在承贾珍贾琏之欢的时候，就已经是迈出了懦弱的第一步。反正命里，我们只该如此，不如放纵一时就是一时。

尤三姐在用自己的堕落，来赌美好的人生，又把自己架到别人的枷锁中，毁掉自己。尤三姐看到了贾琏贾珍的丑恶嘴脸，可她还是趟了他们的浑水。看来，懦弱的人，不光是把所有的人都当好人，懦弱的人，即使认出了坏人，也从骨子里断定，自己斗不过坏人。

我想了许久，就是用了"如果"，如果柳湘莲没有误解她，甚至做了"假定"，假定所有的人都是好人，在这种情况下，尤二姐可能有活路，可尤三姐绝无可能。尤三姐是从一开始就把自己往死路上逼去的，她给自己认定了一个被社会抛弃的宿命。我想，尤三姐是活在自己的懦弱里。

可话说回来，又有谁不是活在自己的懦弱里呢，又有谁能破解得了自己的死穴呢？不管我们是用善良来武装的懦弱，还是用单纯来漂白懦弱，或者用积极乐观来粉饰懦弱，一旦我们为自己找了借口，一旦我们为自己做了修饰，我们就绕不开自己给自己设置的陷阱了。

说到底，懦弱，坚强，只是一念间。你过得了自己那一关，你可能就是坚强。

灾难来了，何必问"为什么是我"

在晴雯将黛玉拒之门外那一回，黛玉一开始被拒绝时，对门内的人说："是我，还不开门吗？"这话很有意思，好像在说，任你对别人怎样，对我却万万不能这样，为什么呢？

第一，黛玉虽然住在舅舅家，但深得贾母的宠爱，没人敢对她不尊重；第二，黛玉和宝玉从小就生活在一起，同吃同住，同玩同闹，宝玉不会允许任何一个人对黛玉不尊重。

可偏偏门内的晴雯说："凭你是谁，二爷吩咐的，一概不许放进人来呢！"一句话，就把黛玉那两种心理优势全都给抹杀了。以黛玉的脆弱，这必然会立刻勾起她寄人篱下的自卑，还有对命运的拷问。本来她是有资格质问晴雯一番的，我就是我，凭你不给谁开门都行，唯独不能不给我开门。可一想到自己孤苦无依，这就是斗气，真若对方还放出先前那样的狠话来，那自己就更没意思。所以，她站在那里，倒没了主张。

此时，正好宝钗和宝玉说到热闹处，声音传到黛玉耳朵里，黛玉的心就更乱了。思前想后，不想宝钗怎样，不想晴雯如何，只想宝玉，为什么你偏偏对我这样，你今日待我这样，可见与我并不知心，你根本就不懂我的心思，可你今日如此薄情，难道以后就再也不见面了吗？

从"因为是我"，到"偏偏是我"，再到"为什么又是我"，黛玉一下子从很有心理优势的自信，败到了完全不知所措的自毁，还有埋怨。如果黛玉能够想开些，不去钻牛角尖，她就能发现，宝玉断断不会是这样的人，只允许宝钗进门，不愿意让黛玉沾边。

我们不是黛玉，这件事对我们来说只有五个字："这都不叫事"。可我们未必能有资格评价黛玉。为什么呢？日常生活中，从"因为是我"，到"偏偏是我"，再到"为什么又是我"这样瞬间心境转化的情景并不少。

特别是在灾难降临的瞬间，人们通常都会这样想：我从来没有做过什么缺德的事，因为是我，所以这灾难大约不会来临。可一旦与灾难迎面相撞，人不由得会问上一句"偏偏是我"，到最后，当灾难已经完全成为劫难，人的情绪就会卡在那里，不相信，却又由不得不相信，于是，人就会仰天诘问："为什么是我。"

郭德纲曾经说过一句话，我们做了好事，希望所有的佛祖菩萨上帝老天都知道；可是我们做了坏事，却希望所有的佛祖菩萨上帝老天都不知道。

人性大抵如此，我们得到了上天的好，总是认为理所应当，几乎没有人去问一问，为什么是我？可要是灾难来了，几乎所有的人都得捶胸顿足，仰头问天，低头问地，为什么是我？凭什么是我？我到底做错了什么？如果是上辈子的错事，为什么一定要让我在此生来还？就是要还，难道不能有个温和的还法吗，我去做公益，我去做好事，难道不行吗？总之，天降灾难，人就会失了理智，变得脆弱不堪，还抱怨不断。

我的人生，虽然没有多么骇人的大灾大难，可也是灾祸不断。我到现在还记着我曾经做过的一个特别让我头痛心痛的梦。

我做梦，梦见从天上忽然就掉下一把椅子，重重地砸在我的头上，我当时痛得大叫。我妈当时在另一个房间，都听见了这叫喊声，赶紧披衣跑过来，可我那样大叫，居然没有醒，只是在哭，直到我妈把我叫醒。

我把梦说给我妈听，我一边哭一边说："为什么老天掉下来的不是一个馅饼，而是一把椅子，这就说我从此以后要遭受一个巨大的重创了。为什么是我呢？"我妈也吓了一跳，赶紧用"梦都是反的"安慰我，可我感觉这安慰，一点儿底气都没有。

按照迷信的说法，这就该是一种人生的警示了，我为此心惊胆战，心里却又总是愤愤不平。我当时几乎每天都在想：我到底做错了什么，上天一定要给我一个惩罚？我那么善良，难道上天就不该给我奖赏吗？

现在想来，这真是一种极为畸形的心态。你做了什么，就要上天的奖赏？善良，这个世界谁不是善良来着？可我那时候想不透这些，一直纠结在"我是善良的"，我觉得我不该得到这样的结果。

这样的纠结该是多么糊涂的啊。不光这纠结是糊涂的，我的人生，也整个是糊涂着的。早在做这个梦之前，我自己对人生的规划，以及对身体的管理，就已经出现了很多漏洞。我一直在生病，也不是什么大病，却总是找不到病根，而且人也懒惰，脑子也糊涂，因为生病，就觉得世界已经欠了我的，我只能柔柔弱弱地活着了，等待着上天还我一个公道。

我后来的麻烦，其实说到底都是我的懒惰和糊涂积累而成的。一个得过且过的人，又有什么资格获得人生的奖赏呢？一个生了病就朝天抱怨，而且为此还有了不好好生活的理由的人，又怎能得到上天的青睐呢！

记得上海有一个女博士，刚过而立之年，正是事业有成、家庭美满、人生得意的时候，她却得了癌症。这一变数，就像晴天霹雳一样，不但震撼了她，也震撼了她的家人。她写过一篇文章，也是在质问，问为什么是我生病？她思维敏捷，条理清晰，逻辑分明，她一二三四五六七地摆出好多理由，一条条证明自己不该得癌症。可证据再确凿，又怎样？理论改变不了现实。她不该得癌症，但她已经得了癌症。

她是难以接受这个现实的。可随着病情加重，她也慢慢接受了自己得了重病，而且很可能不久于世的事实。她居然慢慢看开了，她说："若天有定数，我过好我的每一天就是。若天不绝我，那么癌症却真是个警钟：我何苦像之前的三十年那样辛勤地做蚍蜉。名利权情，没有一样是不辛苦的，却没有一样可以带去。"

尽管认清了这个现实，女博士也还是想要活下去的，她又说："活着就是王道。"这话很有一点儿对生命的淡淡的贪，但却也是一种清醒的悟。要活下去，其实就该醒悟。在前面那一串串质问后，她的悲伤诉尽，紧接着，她仔细去回忆她的人生，居然处处都有危机，她曾经吃过什么，曾经有着怎样的饮食习惯，如今社会的食物，等等，每一处，都可能让她患上癌症。

人，在自然面前少了敬畏，总是活得理直气壮，觉得一切都理所应当。人，在事业面前，又过于贪心，得陇望着蜀，为了事业，拼了青春，拼了健康。在那些理所应当中，又有多少误入歧途、将错就错啊。

我们人类活到今天，已经太过坦然了，我们好像已经征服了自然，我们好像已经征服了运数。科学如此发达，还有什么是我们人类不能改变的呢？可科学如此发达，却让我们人类渐渐远离自然、远离自己的生存根本。就说饮食吧，鸡蛋都可以人造了，酱油都要用头发了，还有多少逆天理的事情我们不敢干？也难怪北大清华的老教授都说：科学，毁了人类。

我们且不论科学是否毁了人类，反正人类是在自毁。就如我，就如这个女博士。我们快乐的时候，我们都是混沌着的，即使我们有了一些灾难的征兆，我们也是视若无睹的，反正灾难还不到眼前，我们何必过得那么拘束？可你哪里知道，真等到灾难到了，你想躲都躲不了。

当我看到女博士自怨自艾的质问时，同病相怜，深有感触，为她悲伤为她难过，可是当我看到她对自己的质问时，我一下子有所觉悟。为什么你一定要问"为什么是我"，而不问问"为什么不是我"呢？

为什么我们不能保持清醒？为什么我们不能敬畏地看待每一天、身边的每一件事？自然，是值得敬畏的；生命，是值得敬畏的；人生，也是值得敬畏的。只有看到自己的渺小，只有看到自己的缺陷，我们人类，才能在一定程度上阻止灾难的发生。

这个女博士在文章的最后说："人生最痛苦的事有三种：晚年丧子，中年丧妻，幼年丧母，如果我走了，我的父母、丈夫还有孩子，就会面临这些痛苦，所以我要坚强地活下去。"当她终于坦然的时候，她一下子变成了最坚强的。

病痛如此，她还要写文章来质问自己，她不是为了自己的内心舒坦，而是为了让自己成为世人的前车之鉴。

在灾难发生之前，我们都要心怀敬畏，小心谨慎；在灾难发生之后，我们又要坦然大度，坚强勇敢，不必问"为什么是我"。

羡慕嫉妒恨后，就是空虚寂寞冷

黛玉对宝钗，一开始是羡慕嫉妒恨的，别说众人对宝钗的评价，都高于对她的评价，就是宝玉，也常常会分一二分心思在宝钗那里。

羡慕嫉妒恨的结果是什么呢？黛玉本来和宝玉是两小无猜、亲密无间的，可就因为宝钗，她就时不时要和宝玉吵上几句，气上几回。羡慕嫉妒恨的结果，完全是空虚寂寞冷。

在高度发展的社会中，各类人群的各种发展层次，就会被特别明显地暴露出来。就像是一场马拉松比赛，进行了一段时间后，大家都逐渐分散开来。这个时候，在前方、在后路的，就会有一个心理上的差别。

领头的只有那么几个，是雄心勃勃的，一心要跑到终点，而之后的，差不多就都是羡慕嫉妒恨的。大概也就是因为这个，羡慕嫉妒恨，才会成为一个大众名词，一方面调侃自己，另一方面又娱乐了整个社会。

作为普通人，我们可能一辈子都成不了别人羡慕嫉妒恨的对象，但会羡慕嫉妒恨身边那些比自己强的人，虽不伤人，但会伤自己的心。

这道理很简单，几乎不用论证。就像朱门酒肉臭，路有冻死骨一样。你在门外经受瑟瑟霜寒，他在门里歌舞升平，你肯定是羡慕嫉妒恨的，可除此之外，你还是要在门外经受你的冰寒霜冻，他也还是在门里享他的荣华富贵。你越是看到了他的荣华富贵，你的困苦就会越发地让你不堪忍受。

很多时候，友谊其实也是需要门当户对的。你先不要急着往世俗里想。就算人家处于荣华富贵里不在乎你的冰霜之境，你是否又有闲情、闲钱去和人家出入那样的环境？

我自己是一贫如洗的。我的一个大学同学，现在却是属于那种过着金玉满堂的生活。在学校时，我们俩是最好的朋友，初入社会，也还是彼此有个联络。可是随着人家进了天堂路，我进了地狱门后，我们就基本不大往来，因为我不想自己揭不开锅时像刘姥姥一样进大观园。

说内心话，我这位同学真的是特别好，她为了持续这友谊极为努力地降低她自己的那种奢华感，可饶是如此，在我面前，也还是金光闪耀。我会想，同样是同学，为什么差距会这么大？当年我们一起骑自行车走在宽阔的马路上，优哉游哉。可如今我只能骑着掉了链子的车，看着人家宝马香车绝尘而去，暗自幽怨。

这就是羡慕嫉妒恨啊，羡慕人家生活好，嫉妒人家幸福，还有恨，恨自己不争气。我是极为愚钝的，人家给我带来了金玉，我就想最差也要还人家一个美石的。可我拿什么去还呢？这地上的石头，不是被女娲补了天，就是被疯和尚送去入了世。人家的宝玉，我哪里见得？还不上，就只剩下哀怨。这哀怨，我还不能跟我这同学说。可偶尔在买单算账的时候泄露了心事，我的这个同学，也会觉得难堪。

这就是空虚寂寞冷了。当年我们可以睡一个被窝，聊一个长夜，可如今我们却只能隔着山、绕着水了。她说的她做的，我只能远远看着，而我说的我做的，她也几乎完全不能理解。我不联系她，她也就不敢联系我了。不是为我贫穷，只为我不用再那么羡慕嫉妒恨，不用再空虚寂寞冷。我知道，我有什么困难，只要我开口，她就还是会坚定地站在我的身后，可我又哪里能那么容易就向她开得了口。

有一个做生意的亲戚说我，这就是在浪费资源。我要放弃这样好的朋友，放弃这样一段美好关系，就证明我是一个懦弱的人，证明我是一个不思上进的人。仗着是我的长辈，我这位亲戚咄咄逼人地问我："你为什么要羡慕嫉妒恨？你难道就觉得你此生永远都如此破败下去了吗？"

我哪里甘心呢，因为破败，我早就拜了陶渊明为师，学着采菊东篱下了，可是我还是有一个不大不小的理想，还有一个没有完成的愿望。我当然也不想去羡慕嫉妒恨，可事实摆在面前，怎么着也允许我自卑一会儿吧。

我那位亲戚见我如此的态度，就更是生气，他说："没做生意前，我也差不多和你一样。就是觉得上天不公，凭什么有的人富得流油，有的人却穷得揭不开锅；有的人名誉满满，有的人却臭名远扬；有的人事业有成，有的人却是败笔连连。我做了生意后，我一下子就明白了。不管人家取得了什么，那都是一种经历后的结果。你站在这个破败的位置，与其羡慕加嫉妒恨，不如打起精神，努力奋斗，改变现状。反正生活本来没有意思，谁有意思，谁就能从生活中找到意思。"

我这位亲戚原来是一名老师，在一所学校备受排挤，那时候的他，就觉得天不公地不厚，满嘴里都是抱怨。后来终于有一天，他被学校开除。在最难的时候，他的一个朋友让他跟着自己去做生意，也就是从那时候开始，他慢慢地变了，性格柔和了，就是做事，也多了果敢和踏实。他说："我何尝不知道羡慕嫉妒恨的滋味，我又怎么会不理解空虚寂寞冷的含义。可现在你心甘情愿地跟着一个你羡慕嫉妒恨的人去开阔眼界，你都没有时间去想念空虚寂寞冷了，你才知道这两个词原来是祸患。"

我不会做生意，我的同学也不会领着我做生意。可我这亲戚的意思，我还是慢慢有所悟。我和我的同学奋斗的方向不同，我自然也没法让我的同学帮我开阔眼界。可我还是被我的这个亲戚打动。我想，就算是命运冷酷，但我还有个奋斗的路数。

再见同学时，我不会再羡慕嫉妒恨，不是我如何高尚，只是我不想空虚寂寞冷了！

不攀缘，只随缘

凡是攀来的缘分，难免会有一种酸涩的滋味，总不如一切随缘得好。随缘，才没有齿冷心寒。

倘若当初林黛玉并不曾来这荣华富贵的贾府，那么以林如海疼爱女儿的至切，林黛玉再怎么娇弱，也还不至于养成那样的多心多虑。在亲生父亲身边，生活用度，就是再破费些，也不会觉得如芒刺在背；在亲生父亲身边，吃喝玩乐，就是再孤单些，也还有个至亲至爱的依靠。

林黛玉进贾府，这当然是作者为这大观园的一系列戏剧而做的安排。就是攀缘，也还算不得。可这攀缘的结果，却已经真实地被表现出来。

当然，如刘姥姥一样地到亲戚家攀个缘，虽然是舍了老脸的事，可到底是因为刘姥姥进了大观园，才终于缓解了石头一家的艰难局面。这样的攀缘，讨口生活，如果在所难免，也未必不能行。

我所说的不攀缘，只是朋友关系，那些你感觉非常不自在却又一定要维持着的朋友关系，这种朋友关系就像鸡肋，食之无味、弃之可惜。

要知道，不是所有在高处的，都能如我那同学一般。环境改变人的能力，自古就超凡。一个养尊处优甚至习惯呼来喝去的人，他所能理解的辛苦，到底有限。你赔上心力，掩住心酸，在人家面前强颜欢笑，可能最后只落得被人嘲笑，被人使唤的地步。

韩剧《清潭洞爱丽丝》里，两个昔日里的好同学，在生活中有了差距之后，再见面，那叫一个寒心的世俗。一个就是高高在上的贵妇，一个就是那跑腿的小跟班。她们算不得朋友，贵妇今天之所以故意表现得高高在上，不过想要借此以报当年不如人之仇。她们从来就没有在一个平台上，可当这个小跟班看到自己的努力不管怎样都只能是有门无路时，她终于低下了头。

小跟班决定和那贵妇同流合污了，眼见得那贵妇不过也是走了个攀缘的路，如今就已经是冰火两重天，凭着她技高一筹，她不相信自己就不能打进同样的时尚圈。小跟班和贵妇勉勉强强算是成了朋友，不但成了朋友，还分享了秘籍。

当然，按照韩剧的路数，敌人都能成为朋友，何况这同走了一条独木桥的人呢，两人最终通了一条心，可这也只是一刹那的感受而已。再走下去，迟早会分道扬镳。

攀缘之事，到底还是上演了一场心酸，一场苦寒。为了心中的一个欲望，而把一个不能真心相待的人当作朋友，这只能说是对自己的一场背叛。

有个女孩子，喜欢上了一个钻石王老五。钻石王老五，大概不管怎样，总是会有人喜欢的。这个女孩子说喜欢的时候，当然是一万个理由。可这一万个理由里，没有一个能让她感动这个钻石王老五。

不过女孩倒也不着急，反正那王老五的妹妹，就是她极力巴结的一个朋友。这朋友之交，当然源自这个女孩的刻苦努力。两个女孩相见时，是在一个打工场所。

王老五的妹妹甚至还因为一件鸡毛蒜皮的小事而和这个女孩吵过一架。若论吵架之功，这个女孩可不弱于王老五的妹妹，她是跑江湖的老手，吵架能从鸡毛蒜皮里吵出万里江山来。所以，她几乎是轻轻松松就占了上风。

眼看着那王老五的妹妹浓眉紧锁，泪雨滂沱，就在这时，有个员工跑过来告诉她，这个女孩有个王老五的哥哥，让她小心一点。这个女孩一听，对面这个处于弱势的女孩，居然是自己心仪已久的王老五的妹妹，她立刻就心花怒放。

心花怒放的女孩，愣是把尴尬异常的一个场景，变成了阳光明媚的氛围。她还是用同样的姿态，却把矛头指向了自己，骂自己怎样做错了事情，说自己怎样的自私，那个还在哭着的王老五的妹妹终于被她逗笑了。谁知这王老五的妹妹竟是个无心的。这女孩越发的有了底气，一把抱住这王老五的妹妹，用"不打不相识"作为结句。

若只为这王老五的妹妹，这女孩是不会动任何心思的。可她背后还有一个王老五，那可是钻石级的啊，女孩不得不在这妹妹身上狠下功夫。她就像仆人侍候主子一样，把那王老五妹妹的一切都考虑得周全明白。那王老五的妹妹，出来打短工，不过是借着上学的空当，出来散散心。这女孩摸透了她的心思，总是隔三差五地给她找那些既刺激又安全、既赚钱又不用付出太多的工作。

就像经营她的事业一样，这个女孩开始了对王老五妹妹的经营。她的手里，关于妹妹的资料，简直算得上丰富多彩。她有妹妹的时间表，她有妹妹的真实喜好，她有妹妹的穿衣品位，她有妹妹的饮食嗜好，她有妹妹的交友方针，她有妹妹的朋友圈，她有妹妹的亲戚录。

她原是为王老五而来，可就在这中间，即使是遇见王老五的信息，她也全都采取忽略的态度。不为别的，就怕自己在与妹妹的交流中露出马脚。

因为投其所好，这女孩终于见到王老五。这女孩也不急，反正王老五的妹妹已经是囊中之物，至于王老五，也差不多是百步之杨，以她这样百发百中，对方肯定不久之后就能向她俯首称臣。

果然如女孩所料，在王老五的妹妹和这个女孩的双重攻击下，这王老五到底拜在了这女孩的石榴裙下。愿望达成，这当然是皆大欢喜的事。可那女孩却忽然发现了问题。王老五当然还是王老五，可那钻石，却未免太过耀眼，一旦靠近，常常会刺伤眼睛。王老五虽然对她也情意绵绵，可却总也见不到他的真底，就是求了婚，戴了钻戒，这个女孩的心，也还是无法踏实下来。

最让她诧异的是，王老五那个妹妹，那个她一心一意奉承的人，不知何时一下子变了脸，一张口就说，你虽然是我家的人了，可你别忘了，你主要还是我的人，其次才是我哥的人。一开始，这个女孩还以为那不过是一个玩笑，可越到后来，她就越明白，这对兄妹，与其是喜欢她这个人，不如说是喜欢她为他们做事。她本想嫁入豪门做贵人，谁知最后却不过是豪门里的一个仆人。

她开始挣扎，首先当然想要解开妹妹对她的束缚，她想要慢慢放开她的手，凡是她自己能考虑的，她就不再介入。可是谁知，这妹妹已经习惯了她的调理，猛然间被她如此撒手不理，这妹妹一下子就栽了跟头。虽然都不算是什么大事，可到底是遭遇了几场羞惭的局面。

这妹妹愤怒异常，找到她，不由分说，兜头就是一个恶狠狠的耳光。饶是打了人，还甩着自己的手，说自己的手疼。这妹妹打完了，还觉得不够，又大声开骂："我就说当初你骂得那么精彩的时候，怎么就忽然停了手。你只当我不知道那个人在你耳边说了什么吗？这么多年，你对我阿谀奉承，你当我不知道你的居心吗？怎么？觉得自己现在已经拿捏住了我哥哥，我这块跳板就可以弃之不用了吗？那你就错了。你当初既然用了我，你现在就得为利用我付出应有的代价。"

这个女孩，这个伶牙俐齿的女孩，这个曾经把这个打她的人骂得狗血喷头的女孩，如今却哑口无言。她眼看着对面王老五的妹妹红嘴白牙地一张一合，口沫乱溅，她忽然就产生了一个疑问：钻石王老五到底能给我带来什么呢？我何苦如此经营着看似幸福却实际是一场折磨的生活呢？

王老五的妹妹终于发完了一肚子火，她抹抹嘴走了，这个女孩默默转身，来到当初她们认识的那个地方。不管她当初是怀了怎样的居心，如今遭遇对方这样的对待，她还是十分伤心。想着曾经在一起的，也有这样那样的好，怎么会马上就变脸了呢？难道就因为是钻石，就可以肆无忌惮吗？

当初一起打工的地方还在，那个员工居然也还在。女孩走过去和她聊天，两人聊到当初那一场好骂，女孩问那个员工，你为什么要跑到我耳边说那一番话？那员工面露羞惭，说："你别怪我，是她让这样做的。她是霸道惯了，你没来之前，她就用这招制服了好多人。"这员工嘴里的她，就是王老五的妹妹了。

女孩听完极为愕然，问道："怎么会这样呢？"那个员工凑近女孩，悄悄说："这兄妹俩近乎骗子。他们爹原来是有个大企业来着，可早就被那些员工给分了。轮到他们手里的资产，根本就没有多少。这两个人就用这招来坑蒙拐骗。你也别怪我，我也是最近才从别人那里听说来的。你可小心点，别和她走得太近了。"女孩顿时觉得自己沉入了冰窖里，她打了个哆嗦，默然离开了。

外面下起了小雨，女孩站在风雨中，忽然就泪流满面，我到底是缺什么呢，才一定如此低三下四地要凑近王老五，王老五是凑近了，可却不是什么钻石，而是狗屎。我有这样的心思，也难怪会上这样的当了！

攀缘，不但苦，还有风险。路的尽头，到底是冰山还是宝藏，隔远了看，带着虚幻，总是好的，可是走近了，却可能完全是另一番景观。

与时间同行，不再为曲终人散而伤心

周华健曾经唱过一首歌：闹哄景象，哪会永志不忘。灯光多闪亮，声音多飞扬，始终都无常。席散之后，世界再不一样……

再热闹的聚首，终有席散；再悦耳的曲目，终有曲终。时间是人生最大的成本，不管你付出了什么，它都义无反顾，拖着你一直往前走，让你丢了青春，丢了单纯，丢了过往的一切，还要扯着你，让你丢下正在过去的今天，还有即将到来的明天。

贾宝玉的所有悲伤，其实就是悲在曲终人散，伤在姐妹无常上，他知道热闹繁华留不住，他知道花开总有花谢时，因此总会说些傻呆呆的话，为一些不存在的事情落泪许久。

林黛玉的悲伤，也是一个曲终人散，不过即使曲终人散，只要宝哥哥还在，到底还可以挺着过下去。若没有了宝哥哥，人未散已经曲终，日子就会戛然而止了。

不光是对宝玉、黛玉，时间对谁，都会下这样的死手，你在玩到最高兴的时候，它总是会把你的所有兴奋夺走，让你觉得空茫茫只剩下个悲伤。即使爱因斯坦证明过相对论，可到目前为止，我们还是没有人能够让时间停住，没有人能够让那曲子一波高过一波，永不结束。

也不是没有人能让时间停住，在中国就有能够降服得了时间的，那就是西游路上的孙大圣。他有个定身法，只要一喊"定"，不管你是正蠕动的肠子，还是正张开的嘴，就只能定在那里，身子动不得，眼睛也不能眨。这样的情境，说起来就让人振奋。

有了孙大圣试法，别国的创作者也有了把时间停住的路数。2013年那个让中国大部分女人为之惊叹的都敏俊，也木木然地伸出指头，点中目标，喊"停"。一"停"之下，对面的大美女，愣是红的口露出白的牙，好看的眉，拧成个八卦。

这当然是戏剧的玩笑了，我们这些贪婪的人，因为不可得，不能得，所以更愿意在虚幻中把这演绎得更加奢华，更加逗趣。除此之外，我们依然是无计可施。

我们已然在时间的案板上，任时间宰割。不知道哪一天，我们的朋友，只剩下手机里经常不联系的电话号码；不知道哪一天，我们的身体，连爬个两层小楼也要气喘吁吁；不知道哪一天，那些在远处喜欢着我们的人，已经转身走远，连背影也看不见；不知道哪一天，我们的快乐和踏实，就像夕阳西下前的彩云，灿烂着就消失，成为一片黑暗。

我们到底该怎么办？

探春在远嫁的时候，把姐妹们诗社一起联的诗都写在了一张纸上。她说，郁闷了，就拿出来看看，就如又在大观园里和姐妹们一起联诗了。探春是多么想留住这美好的时光，多么想永远留在这些亲密的姐妹中，多想永远留住这偶有波澜却总是和睦的家庭里。可她能留住的，只是几张白纸。白纸犯了黄，字迹模糊了，这记忆慢慢也就变了样。睹物思人，人不在，更相思，让曲终人散的痛苦更深一些罢了。

我的朋友小青，是一个网络写手，她的小说非常受欢迎。她自己在写作的时候，全身心地投入其中，跟着主人公哭，跟着小人物笑，写到一个好人，她也感觉自己心肠无限柔软，写到一个恶人，她就一定要照着镜子，照出一个恶的模样，去体会不得不作恶的人的那种无奈和痛苦。

由于过分投入，小青每写完一本小说，都会小病一场，她觉得再好的人，一个个都定住了，定在了结尾处，再美好的故事，也都凝固在纸上了。

我也体会过这种感觉，一个个活色生香的人物，到结尾处再看，一个个都是荒诞，就像黄粱美梦一样，不管你笔下的人物多么有来有去，不管你搭好的结构多么华丽精致，故事一过去，你就只剩下一腔的慨叹，满眼的泪水而已。就像照片，再美好，显示的也只是一个死的时间而已。写完的故事，常常是一个品过的枣核，再好，也该是吐掉的了。

我这样和小青说，小青特别生气，她说："你怎么这么无情，这些人物，都是你的孩子啊，你怎么能说他们是枣核呢？你真是个裘千尺啊，一吞一吐，只有枣核。"

好吧，把写完的故事当成是枣核，我好像是有点无情了。可我在写的时候，也是激情投入的啊，我何尝没有为我塑造的那个人物悲喜，我何尝没有为我编好的故事而感叹。可我所写的那些人物，多少都带着我某个时期的稚嫩，我所写的那些故事，也总是带着我曾经的不成熟的思维，我要是总停留在那里，那我肯定是不能再继续往下走的了。

小青若有所悟，说："因为热爱而写，自然不会总是重复，过了山，还要看海，过了海，还要寻人。只要你不停顿，你就不会被时间抛弃。你的枣核哲学，看似无情，其实却很有味道。等等，等等，我得品品。"

我本来也是混沌着的，被小青如此点拨，忽然也悟了过来。我说："那我们只要贴在时间上，和时间紧密相随，当时间成了参照物，你再去看时间，时间就是停止的了。你是不是这个意思？"

"对对，我们总说停住脚步，总说放下，道理是好，可还是不懂时间。时间是春，我们就是春，时间是秋，我们就是秋，这岂不是再好不过？如果我们真的能贴在时间上静止不动，那我们岂不是能够长长久久。当然了，我也不希望有太长的长长久久。否则，又要心生厌倦。"小青说。

"可是总会有曲终人散。一首曲子，若没有终了，一个高音，再拔上一个高音，听者听到最后肯定会吐血不可。我们既然知道必须要有个曲终，就要有个安然接受的心态。就像你说的，时间是春我们就是春，时间是冬我们就是冬。听曲子的时候，我们也可以曲在高处，我们就在高处，曲终了，我们也要缓缓神，这样我们就会有精力去制作下一首更好的曲子，去听下一首更美的曲子。"

"没错，以后，我也不说把时间停住了，我会说与时间共行。我也不再特别为我那些好人坏人而伤心了。伤心肯定会伤心的。可我得学会撒手，他们都是已经长大的孩子，我不能像老母鸡一样，总是把他们圈在我的翅膀下。"

我和小青都是稚气的写者，我们的乐趣和思维，大约也都在字里行间。不知道我们俩这些偏颇的道理，是否能入得了人们的法眼。只是有那么一刹那，我觉得我不再会为曲终人散而过度悲伤了。我就是个世俗凡人，我也不想着升入仙境，我还有很长的凡人之路，需要慢慢走去，步步走稳。

　　当然了，我也还是会如探春一样，把我曾经写过的一些字，写在一张纸上，没事的时候，翻出来看看，或许也会流泪感慨，或许也会为那过去而伤怀，可到底还有个未来。对我而言，这就够了。